"十二五"国家重点图书
船舶与海洋出版工程

海洋平台设备与系统

主编 倪涛 刘珍

上海交通大学出版社
SHANGHAI JIAO TONG UNIVERSITY PRESS

内容提要

本书主要介绍了海洋工程设备概念和体系,并对海洋工程设备主要发展方向及关键技术进行了论述。首先简要介绍了海洋平台的种类及结构,之后对海洋钻井、完井采油中涉及的设备系统进行了全面的论述,包括钻井系统与设备;泥浆循环系统和设备;油气水处理系统和设备;自升系统和设备;动力定位系统和设备以及水下油气生产系统。

本书可作为相关专业的参考教材,也可供有一定海洋工程基础知识的工程技术人员学习和参考。

图书在版编目(CIP)数据

海洋平台设备与系统/倪涛,刘珍主编. —上海:上海交通
大学出版社,2017(2024 重印)
(船舶与海洋出版工程)
ISBN 978 - 7 - 313 - 16447 - 6

Ⅰ.①海… Ⅱ.①倪…②刘… Ⅲ.①海上平台—研究
Ⅳ.①TE951

中国版本图书馆 CIP 数据核字(2017)第 006206 号

海洋平台设备与系统

主　　编:倪　涛　刘　珍
出版发行:上海交通大学出版社　　　　　地　　址:上海市番禺路 951 号
邮政编码:200030　　　　　　　　　　　电　　话:021 - 64071208
印　　制:江苏凤凰数码印务有限公司　　经　　销:全国新华书店
开　　本:710mm×1000mm　1/16　　　印　　张:12.5
字　　数:220 千字
版　　次:2017 年 5 月第 1 版　　　　　　印　　次:2024 年 1 月第 3 次印刷
书　　号:ISBN 978 - 7 - 313 - 16447 - 6
定　　价:88.00 元

前　　言

　　随着当今科技的发展和全球人口的增加,人们的生存空间逐步向海洋扩展。海底石油资源和矿物资源的开发利用占主导地位。据不完全统计,海底蕴藏的油气资源储量约占全球油气储量的1/3。1887年随着美国加利福尼亚海边数米深的海中第一口油井的钻探,揭开了世界海洋石油勘探的序幕。波斯湾大陆架石油产量较早进入大规模开采,连同附近陆地上的海洋石油产量,供应了战后世界石油需求的一半以上。欧洲西北部的北海是仅次于波斯湾的第二大海洋石油产区。美国、墨西哥之间的墨西哥湾,中国近海,包括南沙群岛海底,都是世界公认的海洋石油最丰富的区域,海底油气开发将从浅海大陆架延伸到千米水深的海区。

　　无论以什么形式对海洋开发利用,都必须以海洋工程设施作为桥梁。海洋石油钻井、完井采油工程设备是勘探、开发石油和天然气资源必需的关键手段。本书比较通俗地介绍了海洋工程设备概念和体系,对海洋钻井、完井采油中涉及的设备系统进行了全面的论述,包括钻井系统与设备;泥浆循环系统和设备;油气水处理系统和设备;自升系统和设备;动力定位系统和设备以及水下油气生产系统等方面。

　　江苏科技大学刘珍、嵇春艳、李良碧、施兴华等组成的团队提供了全书非常重要的资料以及提出了许多宝贵的修改意见,在此表示由衷的感谢。

　　由于作者的经验和水平有限,书中存在的不足之处,敬请读者批评指正。

目　　录

第1章 绪 论

1.1 海洋工程设备概念和体系

随着陆地资源日趋枯竭,人类生存和发展将越来越多地依赖海洋,大规模、全面地开发利用海洋资源和海洋空间,发展海洋经济已列入各沿海国家的发展战略。其中,海洋油气资源的开发最为引人注目。目前,海洋石油产量约占全球石油总产量的 35%,海洋天然气产量约占全球天然气总产量的 29%。

1.1.1 海洋工程设备概念

海洋油气资源开发主要有三个过程:

1. 物探

通过地球物理勘探船采用地震勘探法了解海底地质构造,以寻找储油构造,为钻探提供依据。

2. 钻探

广泛采用自升式平台或半潜式平台在充分获取勘探资料的基础上对可能有油气的地质进行钻井、取芯,以决定是否钻评价井、数量和井位。

3. 开发

主要是计算油藏储量,制订开发方案,其中包括资源、工程与经济评价,然后确定采用固定式平台或浮式生产系统进行生产、储存和运输。

上述的每个过程都需要海洋工程设备来实现。所谓海洋工程设备,目前国内外均没有十分明确和权威的定义,通常解释为在开采海洋油气和矿产资源过程中需要使用的各类设备。但事实上,除石油、天然气外,其他海洋资源如可燃冰、锰结核、热硫化物等,远未进入商业勘探和开发阶段,因此当前海洋工程设备主要是指海洋油气开采设备。包括用于进行海上油气资源调查的物探船、地质勘查船、自升式钻井平台、半潜式钻井平台等勘探设备,用于油气处理储存的浮式生产储油卸油船(FPSO)、张力腿平台(TLP)、柱体式平台(SPAR)等生产设备,用于海底管道和线缆铺设的起重铺管船、铺缆船等作业船舶,以及用于平台上日常消耗品供给的平台供应船等辅助船舶。

海工专用设备,包括钻井设备、生产平台的生产模块、单点系泊设备、动力定位系统等。它是海洋工程真正的核心关键设备,其地位甚至高于平台结构和船舶总体,如在海上钻井平台中,仅钻井模块的价值就占到总价的20%~50%,这类设备技术复杂,含金量高,基本上被欧美公司垄断。

1.1.2 海洋工程设备体系

一般而言,海洋工程设备可分为钻井设备、采油设备和配套设备。钻井设备包括海洋钻井平台,可细分为钻井驳船、钻井船、内陆驳船、自升式钻井平台、平台钻机、半潜式钻井平台、坐底式钻井平台和钻井模块8种;采油设备包括浮式生产储油装置(FPSO)、浮式储油装置(FPS)、半潜式平台生产系统(含张力腿平台生产系统、柱体式平台、自升式平台生产系统、驳船式生产系统等移动式海上采油生产(MOPU)系统、油气水分析处理系统等;配套设备包括旋转塔、软钢臂、单点系泊装置等生产储油卸油装置的配套设备,钻井平台的自由控制设备、大型锚机、空压机、油水分离设备以及石油钻采设备、海洋探测设备等,还包括特种工程船,如三用工作船、海洋救助船、守护船、物探船、地震船、起重船、铺管船等。

海洋工程设备体系如图1-1所示,显示了在海洋油气钻采生产和运输等过

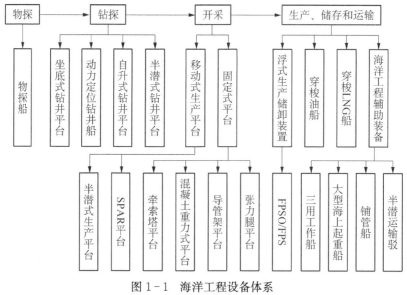

图1-1 海洋工程设备体系

(图片来自中国海洋工程设备汇编)

程中所涉及的主要海工设备。

1.1.3　海洋采油平台结构形式和特点

专门为海上钻井采油而设计的平台称为海洋采油平台,其分为固定式采油平台和移动式采油平台。

固定式平台靠打桩或自身重量固定于海底的平台,而移动式平台是一种设备有钻井设备,并能从一个井位移到另一个井位的平台。

1. 固定式平台

1) 混凝土平台

混凝土平台的底部通常是一个巨大的混凝土基础,用空心的混凝土立柱支撑着上部甲板结构。这种平台的重量可达数十万吨,是依靠自身的巨大重量使平台固定于海底,并安全生产的。图 1-2 为混凝土平台。

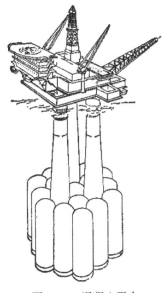

图 1-2　混凝土平台

图 1-3　导管架平台

2) 导管架平台

图 1-3 为导管架平台,其通过打桩的方法固定于海底,主体是钢制桁架结构。导管架由若干竖向立柱(圆钢管)和横向、斜向连接钢管焊接成的空间框架结构,横向和斜向的钢管分别称横撑和斜撑,也称横拉筋或斜拉筋,竖向大直径圆管称为桩腿。

3）张力腿式平台

张力腿式平台是通过张力腿（实为系泊钢管或钢索）垂直向下固定于海底。与导管架平台相比，导管架平台的造价与水深关系大致呈指数关系增加，而张力腿式平台的造价则随水深的增加变化较小。图1-4为张力腿平台。由于每个张力腿都有很大的预张力，因此张力腿平台在波浪中的运动幅度远小于浮式海洋平台，这对海上作业是十分有利的。

图1-4 张力腿平台

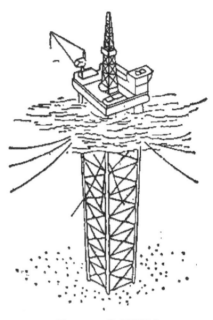

图1-5 牵索塔平台

4）牵索塔平台

图1-5为牵索塔平台，它由甲板、塔体、牵索系统三部分组成。塔体是一个类似于导管架的空间钢架结构，牵索则围绕着塔体对称布置，牵索系统可以吸收由外力产生的能量以保证塔体的运动幅度在规定的范围内。

2. 移动式平台

1）坐底式平台

坐底式平台一般用于水深较浅的海域，其结构重量大，且作业水深不能调节，所以不大经济。而且要求海底地形不能具有太大的坡度，故适应性不强。目前在极地有少量坐底式平台分布，图1-6为典型的极区坐底式平台。

2）自升式平台

自升式平台具有能垂直升降的桩腿，钻井时桩腿着底，平台则沿着桩腿升离

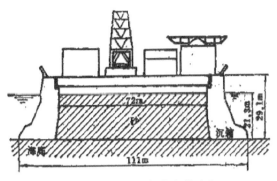

图 1-6 极区坐底式海洋平台

海面一定高度,移位时平台降至水面,桩腿升起,平台就像驳船,可由拖轮把它拖移到新的井位。图 1-7 为自升式平台,桩腿采用桁架式结构。

图 1-7 自升式海洋平台

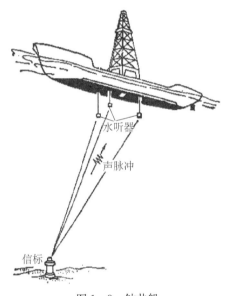

图 1-8 钻井船

3) 钻井船

钻井船在船中央设有井孔和井架,它靠锚泊系统或动力定位装置定位于井位上。图 1-8 为钻井船,它漂浮于水面作业,能适应较大的水深。但是由于它在波浪作用下运动响应大,在深海恶劣的海洋环境下往往引起很大的运动,使得钻井作业无法再进行下去,这是钻井船发展的最大技术难题。

4) 半潜式平台

半潜式钻井平台,又称立柱稳定式钻井平台。它是大部分浮体没于水面下的一种小水线面的移动式钻井平台。半潜式钻井平台的类型有多种,其主要差别在于水下浮体的式样与数目。按水下浮体的式样,大体上可分为沉箱式和下浮体式两类,图1-9为双下浮体半潜式平台。半潜式平台水线面很小,这使得它具有较大的固有周期,不大可能和波谱的主要成分波发生共振,达到减小运动响应的目的;它的浮体位于水面以下的深处,大大减小了波浪作用力。因而,半潜式海洋钻井平台具有极强的抗风浪能力、优良的运动性能、巨大的甲板面积和装载容量、高效的作业效率、易于改造并具备钻井、修井、生产等多种工作功能,无须海上安装,具有全球全天候的工作能力和自存能力,在深海能源开采中具有其他形式平台无法比拟的优势。

5) Spar 平台

Spar 平台是一种用于深海油气开发、生产、处理、加工和储存的海洋结构物。与其他平台形式相比,Spar 平台可应用于深达 3 000 m 水深处的石油生产;具有较大的有效载荷;刚性生产立管位于中心井内部;由于其浮心高于重心,因此能保证其无条件的稳定;与其他浮体结构相比,具有更好的运动特性;壳体可以为钢结构或是水泥结构;可以低成本储藏石油;系泊系统的建造、操纵和定位较为容易;立管等钻井设备能装置在 Spar 内部,从而得到有效的保护。总的来说,Spar 平台不仅可以显著地提高有效荷载,优化结构设计,降低制造成本,与其他深海平台相比,其锚泊系统投资成本降低,同时便于安装和长期重复使用。Spar 平台发展经历了三个历程,图1-10按照发展的前后分别表示了第一代 Classic Spar,第二代 Truss Spar 和第三代 Cell Spar 的平台结构。

图1-9 双下浮体半潜式平台

图1-10 SPAR 平台(从左到右依次是 Classic Spar, Truss Spar, Cell Spar)

1.2　海洋工程设备发展概述

1.2.1　海洋工程设备发展历程

美国加利福尼亚海岸数米深的海域钻探了世界上第一口海上探井,拉开了海洋石油勘探的序幕。2011—2015 年世界海洋工程设备市场的年均容量 700 亿美元以上,期间海洋工程设备投资总额至少为 3 500 亿美元。深水和超深水将成为未来油气生产的一个重要基地。世界海洋工程设备发展历程如表 1 - 1 所示。

表 1 - 1　世界海洋工程设备发展历程

时间	海洋工程设备发展
1890 年	开始海洋油气勘探。根据陆地油气田向海洋延伸的趋势,在海岸边修建栈桥,开展海边浅水域油气勘探
1903 年	美国在加利福尼亚州圣巴巴拉的萨默兰特,开发了世界上第一个海上油田
1922 年	委内瑞拉内陆湖泊——马拉开波湖中发现了石油,钻机就竖在木质平台上,这是世界上采用固定平台开采海底石油的先例
1949 年	墨西哥海湾"环球 40 号"第一座坐底式平台,工作水深 3～30 m
1953 年	"台隆"号自升式平台建成以后,许多海洋国家开始设计、建造各种移动式、自升式平台
1962 年	美国建成"兰水一号"半潜式钻井平台
1963 年	美国建成"环球 54"号坐底式平台,工作水深达 53 m
1967 年	日本海洋钻井公司研制成采用转动销式升降装置、并能坐于软地基的"富士"号自升式平台
1970 年	全世界有 75 个国家在近海寻找石油,其中有 45 个国家进行海上钻探,30 个国家在海上采油
1973 年	日本三菱公司为印度承建了一座自航的自升式平台
1979 年	日本海洋钻井公司在日本新泄省三岛群寺泊町建成水深 127.5 m 的海上气田。采用了半潜式中型自升式平台的升降桩腿,用三角形、四方形截面的混凝土结构制成,能用于水深超过 60 m,并可减少波浪、潮流等外载荷的作用
20 世纪 80 年代	全世界从事海上石油勘探开发的国家或地区超过 100 个
目前	深水、超深水勘探和开发

(表格来自中国海洋工程设备汇编)

1.2.2 海洋工程设备产业链

海上石油开采行业是一个高风险,高资本投入,高回报的行业。同时,也是一个多专业、多高端技术、多人才融合的一个行业。因此,整个海洋石油开采的过程需要通过整个产业链中各个领域的通力合作才能将开采石油的成本降到最低。

海洋工程设备产业链如图 1－11 所示。

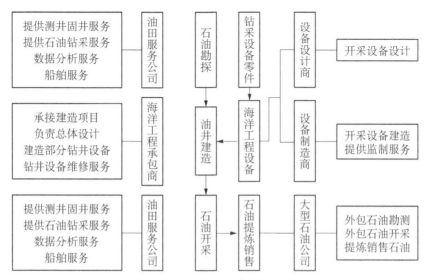

图 1－11　海洋工程设备产业链

(图片来自中国海洋工程设备汇编)

目前,欧美国家企业是世界油气资源开发的先行者,也是世界海洋工程设备技术的引领者。随着世界制造业向亚洲国家转移,欧美企业逐渐转向中低端海洋工程设备制造,但是高端海洋工程设备制造和设计方面仍然占垄断地位。而亚洲,新加坡、韩国、中国和阿联酋是主要的海洋工程设备制造国。韩国垄断了钻井船市场,截至 2009 年底,三星重工、大宇造船、现代重工和 STX 造船手持钻井船 33 艘,市场占有率达 94％。韩国和新加坡则占据了 FPSO 改装和新建市场,市场占有率分别高达 67％和 82％。在自升式钻井平台和半潜式钻井平台建造领域,新加坡、中国和阿联酋占据主导地位。截至 2009 年底,中国、新加坡和阿联酋自升式钻井平台手持订单 54 座,市场占有率 77％,半潜式钻井平台手持订单 39 座,市场占有率 85％。

1.2.3 国外海洋油气钻采平台生产情况

随着世界能源危机的加剧和未来陆上油气储量的逐渐枯竭,海洋油气资源开发最为引人注目,海洋工程设备市场具有广阔的发展前景和巨大的发展潜力。

根据有关资料,全球累计探明石油可采储量 $3.88×10^{11}$ t,天然气储量 $2.66×10^{14}$ m^3,其中海洋石油天然气储量占 45% 左右。随着陆上油气资源逐渐减少,海洋石油已成为世界各国争相追逐的主要战略资源。据 Douglas-Westwood 统计,2008 年全球海工设备资本性投资为 1 570 亿美元,2009 年约 1 520 亿美元,占海洋油气勘探开发总投资 60% 左右。根据 RIGZONE 统计,2009 年世界已有和在建的海洋钻采平台(船)875 座,其中,钻井船 88 座(在役 42 座)、半潜式平台 227 座(在役 150 座)、自升式平台 505 座(在役 312 座)、固定式平台 7 座、钻井驳船 48 艘。按照作业水深分,常规水深(500 m 以下)占 69%,深水(500~1 500 m)占 20%,超深水(大于 1 500 m)占 11%,其中自升式平台约占 60%,市场需求巨大。

表 1-2 全球海洋油气钻采平台生产情况

建造时间	1970—1979	1980—1989	1990—1999	2000—2009	2009 年底数量	2010—2012
使用年限/年	31~40	21~40	11~20	0~10	总数	在建
自升式钻井平台/座	105	239	16	104	453	55
自升式年限占比/%	21	47	39	20	89	11
半潜式钻井平台/座	69	76	8	37	186	37
半潜式年限占比/%	31	34	4	17	83	17
钻井船/艘	13	8	10	16	47	35
钻井船年限占比/%	16	10	12	20	57	43

(表格来自中国海洋工程设备汇编)

由表 1-2 可以看出,自升式钻井平台、半潜式钻井平台和钻井船建造高峰期在 20 世纪 70—80 年代,90 年代是一个低谷,目前又进入了一个快速发展期。一般而言,自升式钻井平台、半潜式钻井平台使用年限为 26 年,钻井船的平均使用年限是 21 年。由于使用了 21~30 年的自升式平台占 47%,使用了 31~40 年的自升式钻井设备占 21%。因此,目前使用的自升式平台钻井设备有 68% 的数量即将淘汰;同样,使用了 21~30 年的半潜式平台占 34%,使用了 31~40 年的半潜式钻井设备占 31%。因此,目前使用的半潜式钻井设备预计将替换的数量占 65%;对于钻井船来说,其应占比例分别为 10% 和 16%,将淘汰的数量所占比例不大。

表1-3列举了21世纪头10年全球钻井设备退役数量及寿命。

表1-3 2001—2010年全球钻井设备退役数量及寿命

年份		2001	2002	2003	2004	2005	2006	2007	2008	2009	2010	总数
自升式钻井平台	退役数量	1	3	6	5	7	3	1	4	6	0	36
	平均寿命	21	27	22	28	30	25	25	25	27		26
半潜式钻井平台	退役数量	7	1	3	2	3	0	0	0	0	2	20
	平均寿命	26	28	29	26	27					20	26
钻井船	退役数量	0	0	0	3	0	0	0	1	0		4
	平均寿命				25				9			21

（表格来自中国海洋工程设备汇编）

截至2010年全球超深水钻井设备订购情况如表1-4所示。从表中可以看出，当前在建的平台中半潜式平台和自升式平台还是占主体位置，钻井船也是目前海洋工程设备发展的重点方向。

表1-4 全球海工设备订单

类别	当前在建
钻井船	37
半潜式平台	41
自升式平台	59
合计	137

（表格来自中国海洋工程设备汇编）

1.2.4 中国海洋油气钻采平台生产情况

我国海岸线18 400 km，综合评估我国海域共有油气资源量$3.5\times10^{10}\sim4.0\times10^{10}$ t石油当量。但开采程度和平均探明率相对较低，深海油气开发技术和设备远落后于世界先进国家，缺少必要的深海油气资源钻探、开采和生产设备。

截至2009年底，国内在生产油气田77个，平台150座，在建10座，海外油田管理140余座，海管4 813 km（在建173 km），海底电缆380 km，FPSO有17艘，水下井口已建成6套，陆上终端已建成11座、2座在建设中（海外终端管理1座），这些海上工程设备和设施使中国海油具备5×10^7 t油当量的生产能力。截止到2015年，中国还要增加5×10^7 t的海洋石油产量，我国将有30多个油田待开发,需建造 70 多座平台,新建和改造 10 多艘 FPSO,其中中海油需建造 55 座海洋平台,6 艘 FPSO,4 个陆地终端、铺设海底管线 1 000 多公里,投资总量每年将以数百亿元以上递增。

自 2010 年以来,随着世界经济复苏前景逐步明朗,海洋油气开发和海洋工程设备市场趋于活跃,世界海工市场的复苏趋势愈发强劲。作为海洋开发提供技术设备支持的战略性产业,海洋工程产业备受中国政府的重视和支持。在 2008 年、2009 年出台了一系列的扶持政策。而潜在的市场需求也加速海工设备产业的发展。中国油气资源丰富,海洋资源勘探开发潜力巨大。截至 2020 年中国在海洋工程方面投入将达到 2 500～3 000 亿元,有望带动新一轮海洋工程设备投资热潮。

为此,我国海洋工程设备发展的五大战略重点:

一是指量大面广、占市场总量 80% 以上的海洋工程设备,主要包括:物探船、工程勘察船、自升式钻井平台、自升式修井作业平台、半潜式钻井平台、半潜式生产平台、半潜式支持平台、钻井船、浮式生产储卸装置(FPSO)、半潜运输船、起重铺管船、风车安装船、多用途工作船、平台供应船等。

二是有广阔市场前景的海洋工程设备,主要包括:液化天然气浮式生产储卸装置(LNG－FPSO)、深吃水立柱式平台(SPAR)、张力腿平台(TLP)、浮式钻井生产储卸装置(FDPSO)、自升式生产储卸油平台、深海水下应急作业设备及系统,以及其他新型设备。

三是主要包括多金属结核、天然气水合物等开采设备,波浪能、潮流能等海洋可再生能源开发设备,海水提锂等海洋化学资源开发设备。

四是关键配套设备和系统,它是指海洋工程平台和作业船的配套系统和设备,以及水下采油、施工、检测、维修等设备,主要包括:自升式平台升降系统、深海锚泊系统、动力定位系统、FPSO 单点系泊系统、大型海洋平台电站、燃气动力模块、自动化控制系统、大型海洋平台吊机、水下生产设备和系统、水下设备安装及维护系统、物探设备、测井/录井/固井系统及设备、铺管/铺缆设备、钻修井设备及系统、安全防护及监测检测系统,以及其他重大配套设备。

五是关键共性技术,它是指制约我国海洋工程设备自主创新能力的关键技术和共性技术,主要包括:设计建造标准体系研究、海工工程管理技术、深海设施运动性能及载荷分析预报技术、深海设施动力响应及强度分析技术、深海锚索/立管等柔性构件的动力特性分析技术、深海海洋工程设备风险控制技术、深海设施长效防腐及防护技术、深水浮式结构物恶劣海况下安全性评估技术、海上构筑物寿命评估及弃置技术等。

近年来,虽然中国海工企业在海洋工程方面有所收获,但涉及的产品技术含

量比较低,存在很多技术问题和薄弱环节。例如,中国深水油气资源开发面临的挑战主要有:

(1) 深海技术储备不足,深海设备制造能力仍欠缺。

(2) 自然环境恶劣,受制于台风、内波流、沙坡沙脊等自然灾害。

(3) 南海六国七方对南海存在争议,局势复杂。

1.3 海洋工程设备主要发展方向及关键技术

海洋油气资源的勘探开发技术较为成熟,数量规模大。其他,如海上风能发电、潮汐能发电、海水淡化和综合利用、海洋观测/监测等方面的设备技术也基本成熟,发展前景较好。波浪能、海流能、海底金属矿产、可燃冰等海洋资源的开发技术不断成熟,相关设备的发展也将提上日程。在 2005—2007 年间,全球钻井平台利用率基本维持在 90% 以上。自 2008 年经济危机因素的影响,钻井平台的利用率有些下滑,目前全球钻井平台利用率为 72.9%,未恢复到金融危机爆发前的水平。2011—2015 年全球海工设备需求预测如表 1-5 所示。从表中可以看出,无论是钻井平台还是生产平台,半潜式平台都发挥很重要的作用,而且将来也是平台建造的主流,对于生产平台基于石油和天然气开采水深越来越深,所以订单主要集中在浮式平台。另外,海洋工程船也是全球海工设备非常重要的组成部分。

表 1-5 全球海工设备需求预测

类型	子类别	十二五需求数量	金额/亿美元
钻井平台	自升式钻井平台	155	270
	半潜式钻井平台和钻井船	190	1 140
	小计	345	1 410
生产平台	FPSO	150	818
	半潜式生产平台	14	67
	TLP	5	38
	Spar	5	21
	小计	174	944
海洋工程船		2 030	630
	合计	2 549	3 004

(表格来自中国海洋工程设备汇编)

海洋油气开发的重点逐步转向深水和极地等自然环境更加恶劣的海域。从表1-6中可以看出,新发现的油田位于深水和超深水位置分布的占油田总数的比例非常大,这就迫切要求大力发展深水海洋工程设备。

表1-6 新发现油田情况

新发现油田数量	2007 年	2008 年	2009 年	2010 年
浅水(<500 m)	153	141	88	8
中深水(500~1 500 m)	32	30	32	4
深水(>1 500 m)	25	22	28	2
	210	193	148	14

(表格来自中国海洋工程设备汇编)

目前,世界海洋工程设备正在向大型化,深水化,多样化,信息化等趋势发展。我国在海洋工程技术方面特别是深海设备领域与世界先进国家仍存在一定差距,密切跟踪国际深海海洋工程设备技术的发展现状及趋势是我国大力发展海洋开发事业必须先期进行的工作。

1.3.1 海洋工程设备的发展趋势

1. 大型化

近年来,国际市场上深海钻采设备呈现出大型化趋势,包括甲板可变载荷、平台主尺度、载重量、物资储存能力等各项指标都向大型发展,以增大作业的安全可靠性、全天候的工作能力(抗风暴能力)和长的自持能力。如 BP 公司研制了 Thunder Horse 平台,是世界上最大、最先进的半潜式采油平台,2008 年底用来发展墨西哥湾深海的巨大油气储量。Thunder Horse 平台比世界第二大半潜式平台大 50% 左右。该平台每天可以处理 25 万 bbl 石油和 2 000 亿立方英尺 [ft^3,1 英尺(ft)=0.3048 米(m)] 天然气,可以满足美国 650 万个家庭日常能源的需求。再如半潜式平台和钻井船从 20 世纪 70 年代前的第一代已发展到目前的第 5,6 代,甲板可变载荷约为 2 000~3 000 t,发展到目前 7 000~23 000 t。我国自行建造的第六代 3 000 m 深水半潜式钻井平台"海洋石油 981"已顺利出坞。该钻井平台代表了当今世界海洋石油钻井平台技术的最高水准,具有勘探、钻井、完井与修井作业等功能,填补了中国海底油气勘探和深水设备领域的空白。

2. 深水化

随着油气开发加速向深水、超深水延伸,半潜式钻井平台、钻井浮船和

FPSO 等设备的设计工作水深和钻井深度、实际钻井深度不断创造新的纪录。如 2003 年 2 月,雪佛龙公司用 Discover Deep Sea 钻井船,在美国墨西哥湾创造钻井工作水深达 3 051.35 m 的世界纪录;由 Noble 公司拥有的"Noble Danny Adkins"号半潜式平台在 2009 年经过大连船舶重工改建后工作水深已达到 3 656 m,钻井深度 11 278 m;舍凡钻井公司拥有的"舍凡钻工"号半潜式平台由中国江苏韩通船舶重工有限公司承建,该平台工作水深达当前创纪录的 3 810 m,钻探能力亦达当前创纪录的 12 192 m 超深井钻机。

3. 多样化及信息化

近年来,国际市场上不断涌现出浮式液化天然气生产储油船(LNG/LPG, FPSO,LNG-FSRU)、浮式钻探生产储油船 FDPSO、钻井-FPSO 设备船、破冰-FPSO 船、结构张力腿平台、深吃水立柱式平台、双钻塔式钻井船等一系列新兴概念的海洋工程设备。

海洋浮式生产设备中最热门的是 FPSO,其船队增长迅速。截至 2008 年底保有量接近 120 艘。此外,截至 2008 年 7 月,全球运营市场还拥有张力腿平台 22 座,SPAR 平台 15 座。海洋工程辅助船里最具代表性的是锚拖供三用工作船(AHTS)和平台供应船(PSV)。截至 2008 年底,全球海洋工程辅助船的保有量为 6 140 艘,其中三用工作船 2 153 艘,平台供应船(包括一般供应船)1 645 艘,两项合计占船队总规模的 62%。此外,物探船和铺管船的保有量分别为 191 艘和 14 艘。

FPSO(Floating Production Storage and Offloading),即浮式储油卸油装置,可对原油进行初步加工并储存,被称为"海上石油工厂"。图 1-12 是一艘 LNG 船,它是在 -162℃ 低温下运输液化气的专用船舶,是一种"海上超级冷冻车",被喻为世界造船"皇冠上的明珠",目前只有美国、中国、日本、韩国和欧洲的少数几个国家的 13 家船厂能够建造。

图 1-12 LNG 船

液化石油气(Liquefied Petroleum Gas，LPG)船运输以丙烷和丁烷为主要成分的石油碳氢化合物或两者混合气，包括丙烯和丁烯，还有一些化工产品，近年来乙烯也列入其运输范围，图 1-13 是一典型的 LPG 船。依据载运各种气体的不同液化条件而分为全压式(装载量较小)、半冷半压式(装载量较大)和全冷式(装载量大)。液化气船因其特殊用途而产生了各方面的特殊要求，其技术难度大，代表当今世界的造船技术水平，船价为同吨位常规运输船的 2～3 倍，是一种高技术、高附加值的船舶。

图 1-13 LPG 船

三用工作船是为海上石油工程提供多种特点作业服务的深水作业三用型守护船，航行于无限航区/近海航区，图 1-14 是一艘三用工作船。船舶能低速巡航于海上石油平台附近，随时随地听候海上石油平台的召唤，能为海上石油平台

图 1-14 三用工作船

提供多种物资和材料,如:钻井物资和器材、钻井钢管、散装水泥、钻井水、钻井泥浆、淡水、盐水、燃油及生活用品等。能进行抛起锚作业及进行平台和大型船舶的拖运作业,并具有一级对外消防灭火作业能力、海面消除油污作业能力、营救作业能力,能搭载获救人员。以及对储油轮及到达的提油轮进行拖带和捞取油管作业,协助其进行提油。

它可以提供钻井物资和器材、钻井钢管、散装水泥、钻井水、钻井泥浆、淡水、盐水、燃油及生活用品等。

图 1-15 是一艘物探船,它主要用于海洋地球物理勘探,与海洋调查船、科学考察船、水文测量船、工程勘查船等同属于调查船。不同类型的物探船采用不同的物探方法。物探船中最主要的类型是地震船,此外,电磁勘探船近年来也发展得很快。

图 1-15　物探船

铺管船是用于铺设海底管道专用的大型设备。图 1-16 是一艘铺管船,它多用于海底输油管道、海底输气管道、海底输水管道的铺设。铺管船根据水深分为深水(40～200 m)铺管船和浅水(1.5～40 m)铺管船两种,根据航行能力分为自航式和非自航式。深水铺管船大多为自航式,浅水铺管船大多为非自航式,也称为驳船。铺管船的船体是铺管设备的载体,铺管船的核心是铺管设备及铺管工艺。铺管设备有张紧器、A/R 绞车、船舷吊、破口机、对口器、爬行探伤器、退磁器、加热器、辅助作业线、主作业线、移管机构、托管架、电焊机等。

当前,海洋设备产业信息化趋势表现为产品信息化和制造过程信息化。从产品发展看,表现为产品的高附加价值化、智能化和系统化;从制造过程看,主要是开发与广泛采用柔性制造系统、计算机集成制造系统,并向制造智能化方向发展。

图 1-16　铺管船

1.3.2　海洋工程设备关键技术

要振兴海洋工程设备产业,主要从三个方面实现关键技术的突破,一是海洋钻井平台技术;二是海洋钻井船、工程作业船及辅助船的技术;三是关键系统和配套设备技术。

1. 深海平台的关键技术

(1)平台结构形式研究,使平台具有良好的运动性能、作业功能,同时又有较低的造价等关键问题进行优化,以寻求经济与技术的最佳结合点。

(2)平台的非线性运动响应,尤其是考虑流和黏性影响的低频漫漂响应,以及高频响应中所产生的二阶和频力(Springing)和高阶脉冲力(Ringing)问题,此外,极限海况下的随机动力特性分析,波浪、风、流耦合对平台的作用以及晃荡(sloshing)问题仍为海洋工程界所关注。

(3)柔性构件(系索、立管等)的动力特性研究。主要是极限承载能力、疲劳断裂可靠性、涡激诱导振动、系索系统与平台主体的耦合分析。

(4)锚固基础特性分析。尤其是筒型基础在周期性变化荷载作用下产生土壤液化、渗流、剪切等而导致土体破坏问题,负压控制技术(基础在负压下沉时的速度和姿态控制),基础承载能力(上拔力,侧向力)的计算与实验研究。

(5)深水情况下材料的使用,包括设计、检验和防腐等。

(6)建造及安装技术研究。

(7)深海平台试验技术研究。

2. 海洋钻井船涉及的关键技术

(1) 月池、钻井甲板、井架等特殊结构的设计与分析。

(2) 钻井船总体运动响应分析。

(3) 锚泊系统设计与分析。

(4) 动力定位系统研究。

(5) 立管系统设计与分析。

(6) 钻井船总体性能模型试验技术。

(7) 高精度船体施工技术研究。

(8) 大厚度高强度钢材。

3. 关键系统和配套设备

在深海环境中,浮式平台和钻井船往往通过动力定位系统帮助锚泊系统来控制结构物的位置。动力定位系统是一种闭环的控制系统,它能不断检测出船舶的实际位置与目标位置的偏差,再根据外界风、浪、流等外界扰动力的影响计算出使船舶恢复到目标位置所需推力的大小,并对船舶上各推力器进行推力分配,进而使各推力器产生相应的推力,从而使船尽可能地保持在海平面上要求的位置上。

海底管线检测和维修主要是通过拖曳式系统或埋设机来完成。海底管线检测和维修的关键技术主要有:

(1) 水下管线泄漏检测技术,重点是高灵敏度水听器和信噪分离技术及放大处理技术。

(2) 水下检测管线系统运载技术——主要是特种遥控潜水器。要求该潜水器具有低噪声,强推进的动力系统,低磁性的结构形式和可以自动跟踪管线的操纵控制技术。

(3) 水下维修装置的精确定位技术。

(4) 水下管线的提升和清泥技术,需研究大功率液压提升装置,大深度水下喷射式清泥装置。

(5) 水下工作舱技术,重点是解决水下工作舱的生命支持系统,管线接口密封技术。

(6) 水下作业机械,解决水下切割和焊接问题。

水下采油生产设备包括水下井口、钻井底盘、采油树及组件、海底管汇或基盘、巨型阀门、增压泵、压缩机、水下输配电系统、湿式插头和流量计等;水下采油生产控制系统包括水面终端控制系统(主控站、水下电源和通信单元、液压动力单元、上部脐带端和化学药剂罐等)、水下控制系统、脐带和水下分配系统;管线系统包括柔性立管,生产、回接、输气和注水管线。

参考文献

［1］ 中国海洋工程设备汇编［G］.中国海洋工程网,2011.

［2］ 中国船舶工业集团公司海洋工程部.大力发展海洋工程设备推动我国成为海洋强国
［J］.海洋经济,2011,1(1)：16‐19.

［3］ 李小平.深水海洋工程设备发展及技术研发［R］.中国船舶工业集团公司第七〇八研
究所.

［4］ 李润培,王志农.海洋平台强度分析［M］.上海：上海交通大学出版社,1992.

［5］ 李俊峰,马玲娟.低碳经济是规制世界发展格局的新规则［J］.世界能源,2008.

［6］ 郭静.我国海洋工程设备制造业产业发展和布局研究［D］.大连：辽宁师范大学,2011.

［7］ 刘全,黄炳星,王红湘.海洋工程设备产业现状发展分析［J］.中国水运,2011,11(3)：
37‐39.

［8］ 王颖,韩光,张英香.深海海洋工程设备技术发展现状及趋势［J］.舰船科学技术,2010,
32(10)：108‐114.

［9］ 中国船舶工业市场研究中心.海洋工程设备制造业蓄势待发［N］.

［10］ 张超.海洋工程设备的关键技术［J］.机械制造与研究,2011,40(5)：13‐28.

［11］ 吴有生.海洋工程设备的技术需求前沿［J］.焊接与切割,2009,20：9‐10.

［12］ 我国海洋工程设备产业十年将实现跨越发展［N］.中国经济导报,2011.

第2章 海洋平台的种类及结构

海洋石油钻井和完井采油平台按用途分：海洋石油勘探用钻井平台和海上钻生产井并完井采油的钻井和完井平台两类；按位置、结构及其运移性分为：固定式钻井、完井采油平台和移动式钻井、完井采油平台（见表2-1）。

表2-1 海洋石油钻井和完井采油平台分类

一级分类	二级分类	三级分类	四级分类	备 注
固定式	人工岛			用于采油
	极浅水钢混结构固定平台			用于采油
	浅水钢结构固定平台			用于采油
	水泥重力平台			用于采油
	深水钢结构固定平台			用于采油
	导管架式平台			用于采油
	张力腿平台			用于采油
	Spar平台			用于采油
	顺应式平台			用于采油
移动式	接地式	坐底式	钢质坐底式平台	钻井采油
			钢质坐底爬行式平台	钻井采油
		自升式	普通自升式钻井平台（拖航）	用于钻井
			普通自升式采油平台（拖航）	用于采油
			自升-自航式钻井平台	用于钻井
			自升-驳船式钻井平台	用于钻井
	浮动式	半潜式	锚泊定位半潜式钻井平台	用于钻井
			锚泊定位半潜式采油平台	用于采油,分常规或深吃水两种

一级分类	二级分类	三级分类	四级分类	备　注
移动式	浮动式	半潜式	自航-锚泊定位半潜式钻井平台	用于钻井
			动力定位＋锚泊定位半潜式钻井平台	用于钻井
			动力定位＋锚泊定位半潜式采油平台	用于采油,分常规或深吃水两种
			动力定位半潜式钻井平台	用于钻井
			动力定位半潜式采油平台	用于采油
			动力定位半潜式钻井采油平台	用于钻井和采油（含储油和卸油）
		浮船式	锚泊定位钻井船	用于钻井
			锚泊定位 FPSO	用于采油
			锚泊定位 LNG - FPSO	用于采集天然气并液化
			钻井驳船（非自航）	用于钻井
			FPSO 驳船（非自航）	用于采油
			动力定位钻井船	用于钻井
			动力定位 FPSO	用于采油
			动力定位 LNG - FPSO	用于采集天然气并液化
		其他型	无限制工作水深的钻井采油装置	用于采油

注：TLP 和 Spar 平台实际上是一种非移位的浮式平台,是介于固定式、移动式之间的难移位浮式平台,此表来自海洋石油钻采工程技术与装备。

2.1　导管架平台

2.1.1　导管架平台的概念及分类

随着海底的石油和天然气以及海洋矿产资源、动力能源的开发和海洋空间资源利用规模不断扩大,与之相适应的近海工程成为近 50 年来发展最迅速的工程之一。而适用于近海工程的海洋平台类型中,导管架平台发挥着极为重要的作用。

导管架平台是一种借助于桩来支承并固定于海底,上部结构露出水面,为预定目的较长时间保持不动的结构,也称为桩基式平台。

1. 按照平台的使用功能分类

一般分为钻井、采油、储存、物料装卸、生活或其中几项的组合。

1) 井口平台

在甲板上只安装有采油树的平台,习惯上称为井口平台。

2) 生产处理平台

平台上布置有各种油气处理和加工设备,对来自油井的油和气进行处理、加工、计量等,把标准油气送往销售地。

3) 泵站与压缩机平台

把标准油气送往陆地需要加压,当油气田压力下降时,为了维持正常生产也需要加压。专门用于布置加压设备和泵站的平台成为泵站与压缩机平台。

4) 生活平台

人员在上面正式地和连续地居住和生活的平台。平台上安装有完善的生活设施和设备,包括卧室、娱乐、健身、医疗和通信等。

5) 火炬平台

火炬平台也称为三脚架平台。该种平台主要用于排出或燃烧海上油气田剩余天然气,或在紧急状态下燃烧井口产出的原油和天然气。平台上安装有原油和天然气燃烧系统。

6) 集油(气)平台

通过出油管线或集油管线,把附近的井口平台或计量平台的油(气)集中起来,或储存在平台上的油罐里,或通过管路送往销售点。该平台上装有立管和储油罐等设施。

7) 注入平台

为了维持油层压力,保持稳定的采油量,通常对油层强制注水或注气,以保持或补给油气能量,这种备有注气、注水设备和设施的专用平台称为注入平台。

8) 综合平台

上述几种平台的功能集中于一个平台上,即在一个平台上同时进行钻井、采油和生产。

9) 其他种类平台

用于科学观测和国防目的的平台,如气象观测平台、海上雷达站等。

2. 按照组装方式分类

1) 群桩式平台

先在海上打好群桩,然后在桩上拼装平台甲板与设备。由于此类平台在海上的工作量大,施工期长,因受海上环境的限制,已很少采用。

2) 桩基式平台

桩基式平台用钢桩固定于海底。钢桩穿过导管打入海底,并由若干根导管组合成导管架。导管架先在陆地预制好后,拖运到海上安放就位,然后顺着导管打桩,桩是打一节接一节的,最后在桩与导管之间的环形空隙里灌入水泥浆,使桩与导管连成一体固定于海底。这种施工方式,使海上工作量减少。平台即设于导管架的顶部,高于作业的波高,具体高度须视当地的海况而定,一般大约高出 4~5 m,这样可避免波浪的冲击。桩基式的整体结构刚性大,能适用于各种土质,是目前最主要的固定式平台。但其尺度、重量随水深增加而急骤增加,所以在深水中的经济性较差。

3) 腿柱式平台

桩基式平台由于杆件多,间距小,如在冰区作业,不利于流水的移动,且承受冰挤压的面积较大,导致整个平台的受力状态恶化。乃改用腿柱式,其特点为弦杆的数量少。例如采用四腿柱式的,其撑材数量大为减少,甚至在潮差带这一区域常不设撑材,使承受冰挤压的面积大为减少,冰对腿柱的作用力也减小,平台的受力状态大为改善。所谓弦杆即腿柱,一般直径为 5~6 m,每根腿柱内要打若干根桩,以加强腿柱,立管也设在腿柱内,受到较好的保护。腿柱式的整体造构刚性不及桩基式,仅适用于冰区。

3. 按照桩腿数目分类

1) 三腿柱导管架

这种导管架有三条呈等边三角形布置的腿柱,通过腿柱可以打入海床三根主柱。这种导管架平台主要用于火炬塔支承平台以及一些机械设施支承结构。

2) 四腿柱导管架

这种导管架平台有四条腿柱,一般腿柱布置呈正方形或矩形,常用于生活平台和生产平台。

3) 八腿柱导管架

这种平台有八条腿柱,通过腿柱可以打入海床八根桩,是海洋导管架平台发展最为成熟的布置形式。经过几十年的发展,更多的腿柱都已运用到实际工程,并且得到实践的检验。

2.1.2 导管架平台的结构组成

1. 导管架平台结构

导管架平台主要是由两大部分组成。一部分是由甲板及其上的设施和设备组成的,作为收集和处理油气、生活及其他用途的场所,统称为上部结构[见图 2-1(a)]。一部分是由导管架和钢管桩组成的,用来支承上部设施与设备的基础结构,通常称为支承结构。

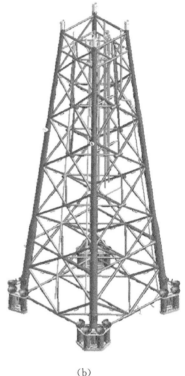

(a) (b)

图 2-1 导管架平台结构

(a)导管架平台上部结构 (b)导管架平台支撑结构

1) 导管架

导管架是由腿柱和连接腿柱的撑竿所构成的空间框架[见图 2-1(b)]。腿柱(或称导管)是中空的,钢管桩通过腿柱打入海床,以便固定导管架,传递上部的荷载;腿柱之间的纵向与横向联系为支撑,用于传递荷载,保证结构整体稳定。腿柱、桩和纵横撑杆共同作用构成了导管架的支承结构。

2) 钢管桩

钢管桩是一根细长的焊接圆管,它通过导管架腿柱打入海床,由若干单桩组成的群桩基础把整个平台牢牢地固定于海床,以承受平台在整个使用期间所承受的使用荷载和海洋环境荷载。

3) 甲板结构

位于桩顶以上,由板、梁、桁架或立柱构成的支撑框架结构称为甲板结构。

甲板结构主要作用是为海上油田开发和其他海洋开发提供足够的使用空间,以便在其上布置各种设施和设备。

4)设施和设备模块

为了减少海上吊装和组装工作,现代设计通常按起重机的允许最大吊装能力和工艺流程要求,将上部设施和设备分为若干系统。每一系统在船厂制造成一个吊装单元,习惯上称为模块,将在陆上制作好的模块运到海上吊装在平台的支撑框架上,然后在平台上按工艺流程把各模块组装起来,交付使用。

2. 导管架平台的结构特点及适用范围

导管架平台的下部支撑结构是由许多钢管组成的钢结构。一般情况下,它有一定数目的大直径桩腿,桩腿与竖直方向存在一定的夹角,这样就可以使得结构的基础部分要比上部结构要大,从而结构荷载传递到基础上才能保证稳定,如图 2-2 所示。

对于浅水中较小的导管架平台,立管一般通过结构的桩腿打入海底,当需要的立管数多于桩腿的个数时,立管会通过套管放置在导管架基础上来传递荷载,立管和套管间用混凝土来填充。导管架桩腿的直径取决于上部结构的尺寸和重量,以及海床的入土深度,一般情况下桩腿尺寸都是几米。而桩腿中间的支撑尺寸相对就小

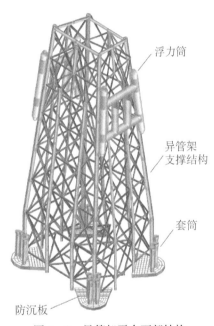

浮力筒

异管架
支撑结构

套筒

防沉板

图 2-2　导管架平台下部结构

一些,大致在 1 m 左右。结构的质量也取决于设备的尺寸,一般情况下,导管架平台适用于浅海环境,工作水深在几百米左右。其中,100 m 水深的平台在几千吨级别,对于 200 m 水深的质量在 20 000~30 000 t,300 m 水深平台质量在 40 000~50 000 t。

综上所述,导管架平台主要由两部分组成:一部分是导管架腿柱和连接腿柱的纵横杆系所构成的空间构架,这部分的作用主要是将整个平台牢牢地固定于海床,用来支撑上部设施和设备的重量。另一部分由甲板及其上面的设施和设备组成,主要用于收集和处理油气、提供生活场所等。

2.2 张力腿平台

2.2.1 张力腿平台的种类

根据张力腿平台结构形式进化的阶段,大致可将它们分为两大类,即第一代张力腿平台和第二代张力腿平台。

第一代张力腿平台是最早出现的张力腿平台,也是当今世界上数量最多的张力腿平台(见图 2-3)。第一代张力腿平台又称为传统类型的张力腿平台,目前世界上建造的部分第一代 TLP 平台情况如表 2-2 所示。

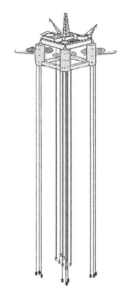

图 2-3 第一代张力腿平台结构

表 2-2 部分传统型 TLP 基本情况

平台名称	业主	位 置	水深/m	投产年份
Snorre A	Saga	北海	335	1992
Auger	Shell	Garden Banks Block 426	872	1994
Heidrun	Conoco	北海	350	1995
Mars	Shell	Mississippi Canyon Block 807	896	1996
Ram/Powell	Shell	Viosca Knoll Block 956	980	1997
Ursa	Shell	Mississippi Canyon Block 809	1 158	1999
Marlin	BP	Viosca Knoll Block 915	979	1999
Brutus	Shell	Green Canyon Block 158	910	2001

(表格来自参考文献[1])

第二代张力腿平台出现于 20 世纪 90 年代初期,它是在第一代张力腿平台的基础上发展起来的。第二代张力腿平台在继承传统类型张力腿平台优良运动性能和良好经济效益的同时,对结构形式进行了优化改进,使张力腿平台更适合于深海环境。

1. MOSES TLP

MOSES TLP 是"最小化深海水面设备结构"(Minimum Offshore Surface

Equipment Structure)的简称,如图 2 - 4 所示。这种 Mini-TLP 是由 MODEC
公司开发的,设计排水量 3 000~50 000 t,工作水深范围 300~1 800 m。

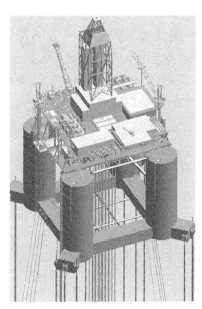

图 2 - 4　MOSES TLP 总体图　　　　　图 2 - 5　ETLP

2. ETLP

ETLP 即延伸式张力腿平台,如图 2 - 5 所示,它是 Extended Tension Leg
Platform 的简称。这种新型的 TLP 设计概念是由 ABB 公司提出的。相对于传
统型 TLP,ETLP 主要是在平台主体结构上做了改进,动力性能和结构稳定性都
有很大的提高。ETLP 平台主体主要由立柱和浮箱两大部分组成。按照立柱的
数目不同可以分为 3 柱式 ETLP 和 4 柱式 ETLP。立柱有方柱和圆柱 2 种形
式,上端穿出水面支撑平台上体,下端与浮箱结构相连。

3. 混合式海洋平台

图 2 - 6 是混合式平台(Hybrid Compliant
Platform,HCP),它是改进的张力腿平台。平台由浮
式本体结构和中心定位的细长塔组成。混合式张力
腿平台的浮式本体和细长塔在垂直方向运动是相互
独立的,而水平方向的运动是相互耦合的。平台由两
个甲板组成:一个甲板由中央塔结构支撑在较高平
面,钻探、生产以及相关的设施设置在上甲板上;浮式
本体支撑着较低的甲板,此甲板上设直升机甲板、生

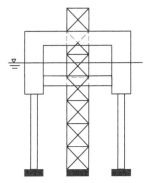

图 2 - 6　混合式张力腿平台

活设施等。浮式本体由四个在底面被四个水平浮箱连接的浮筒组成,与固定在海底基础上的张力腿锚固。

4. 悬式张力腿平台

悬式张力腿平台(Suspended Tension Leg Platform,STLP)结构形式于1992年由 Sridhar Jagannathan 提出并进行了较深入的研究。悬式张力腿平台兼备了张力腿平台良好的运动特点及半潜式船的可移动性和收放性。悬式张力腿平台有上下两个平台本体,上部模块浮力大于自重,下体浮力小于自重,两者通过张力腿连接。下浮体超于自重的浮力形成张力腿的预张力。在结构生产过程中可以通过改变上下体的质量以及张力腿的长度来改变结构频率特征,实现各种状态下悬式张力腿平台的理想运动性能。图 2-7 为悬式张力腿平台的三个状态下的结构形式。

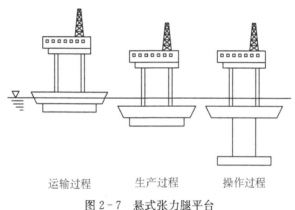

运输过程　　　生产过程　　　操作过程

图 2-7　悬式张力腿平台

2.2.2　张力腿平台的结构组成

1. 张力腿平台结构

张力腿平台在 20 多年的实践中不断发展,已形成了一种典型的结构形式。它一般由五大部分组成,分别是平台上部模块、立柱(含横撑和斜撑)、浮箱、张力腿系泊系统和锚固基础。通常平台上体、立柱及下体并称为平台本体。以第一代张力腿平台为例,如图 2-8 所示。

1) 平台上部模块

张力腿平台上部模块一般是一个方形结构物,它通过几个柱子与平台下部结构连接。平台上部模块上布置有井口模块、工艺处理模块、生活设施(住舱)模块、钻井模块和动力模块等(见图 2-9)。

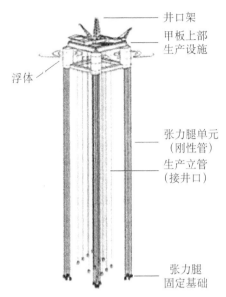

图 2-8　张力腿平台总体结构示意图

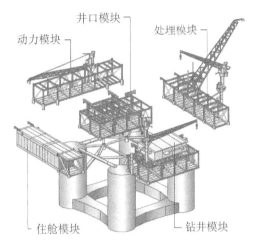

图 2-9　张力腿平台上部模块

2）立柱

张力腿平台的布局俯视一般都呈矩形或三角形,平台上体位于水线面以上,通过 4 根或 3 根立柱与下体连接,立柱一般为圆柱形结构,是平台波浪力和海流力的主要承受部件,其主要作用是提供给平台本体必要的结构刚度。平台的浮力由立柱和位于水面以下的下体浮箱提供。

3）浮箱

浮箱首尾与各立柱相接,形成环状结构。由于位于水面以下较深处,所以浮箱受表面波浪力的影响较小。

4）张力腿

张力腿与立柱的数量关系一般是一一对应的,每条张力腿由 2～4 根张力筋腱组成,上端固定在平台本体上,下端与海底基座模板相连,或是直接连接在桩基顶端。

5）斜向系泊索

有时候为了增加平台系统的侧向刚度,还会安装侧向系泊索系统,作为垂直张力腿系统的辅助。

6）海底基础

海底基础将平台固定入位,主要有桩基或是吸力式基础两种形式。根据建成的张力腿平台的情况可以看出,张力腿平台的锚固基础的主要形式如下:

(1) 桩基础。桩基础是 TLP 平台使用最为普遍的一种基础形式,平台的荷载通过桩基础传递给地基。荷载传递有着多种方式,张力腿可以和桩基础直接相连,也可以与桩通过基盘相连。桩基通过基盘与海底地基相连的基础形式由两部分组成,一部分是桩,一部分是基盘。基盘可以是整体式(见图 2-10),也可以是独立式(见图 2-11)。

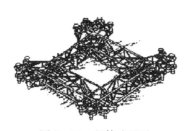

图 2-10 整体式基础

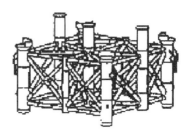

图 2-11 独立式基础

(2) 重力式基础。重力式基础主要依靠其自身重量抵抗在使用时所遇到的环境荷载。需要说明的是,在 TLP 平台中,吸力锚也被认为是重力式基础的一种,如图 2-12 所示

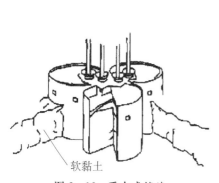

软黏土

图 2-12 重力式基础

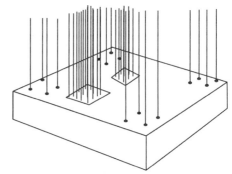

图 2-13 沉垫式基础

(3) 浅基础。沉垫式基础被认为是一种重力式浅基础(见图 2-13)。一般情况下,只有在平台安装时,沉垫式基础才可作为临时基础使用。在设计时需要考虑它的短期承载力,抗滑稳定和短期变形。在平台的长期使用中,沉垫一般是作为桩基的基盘,与桩共同使用构成 TLP 的基础形式。

7) 中央井

中央井道位于平台本体的中心,可以支持干树系统,生产立管通过中央井道上与生产设备相接,下与海底油井相接。

2. 张力腿平台结构特点及适用范围

TLP(tension leg platform)包括上部大型浮式结构,细长的张力腿和基础结构。浮体产生远大于结构自重的浮力,超过总重力的那部分浮力称为剩余浮力。剩余浮力由垂直系于海底和平台之间的筋腱来平衡,它让筋腱时刻处于受拉紧绷的状态,利用浮力让联系平台本体及海底锚固基础的张力腿受到预张力,使平台主要处于受拉状态,从而保证平台本体和海底井口的相对位置在允许的工作范围内。TLP 平台的工作水深由最初的 147 m 达到 1 425 m。目前建成和在建的张力腿平台的张力筋腱的直径一般为 0.600~0.900 m,壁厚为 0.020~0.040 m。锚固基础以桩基为主,与张力腿的连接方式以直接连接为主。

在以预张力形式出现的剩余浮力作用下,张力腿时刻处于受预拉的绷紧状态,从而使得平台本体在平面外的运动(横摇、纵摇、垂荡)近于刚性,而平面内的运动(横荡、纵荡、艏摇)则显示出柔性。张力腿平台最重要的特点是平台的竖向运动很小,水平方向的运动是顺应式的,结构惯性力主要是水平方向的回弹力。平面内的运动周期较高,一般为 1~2 min,高于波浪周期;平面外的运动周期较短,为 2~4 s,其频率要低于波浪周期。TLP 平台的这种结构特点,可以避免结构和波浪的主频率发生共振,有着优良的动力性能。由于其平面外的运动近似于刚性,横摇、纵摇、垂荡的运动幅度都比较小,可以非常方便地安装干式采油树系统,因而 TLP 平台非常适合用作采油平台。张力腿平台的结构造价一般不会随水深增加而大幅度地增大。TLP 具有波浪中运动性能好、抗恶劣环境作用能力强的优点,且较之固定式平台造价低、抗震能力强、便于迁徙、可重复利用。

张力腿平台形式是一种比较可靠的平台类型,但是这种形式的平台不能为开采的原油提供存储功能,所以在生产过程中还需要引入输出管道。或者,张力腿平台可以和 FPSO 等运输设备一同使用。FPSO 油轮需要暂时性的锚泊在张力腿平台附近,然后应用输油管道来传输石油。

2.3　自升式平台

2.3.1　自升式平台的分类

自升式钻井平台又称甲板升降式或桩腿式平台。这种石油钻井装置在浮在水面的平台上装载钻井机械、动力、器材、居住设备以及若干可升降的桩腿,钻井时桩腿着底,平台则沿桩腿升离海面一定高度;移位时平台降至水面,桩腿升起,平台就像驳船,可由拖轮把它拖移到新的井位。

自升式平台有自航、助航和非自航之分,但大多数为非自航。平台形状有三角形平台(三根桩腿)、矩形平台(一般为四根桩腿)和五角形平台(五根桩腿)等。为了在较深水域和环境恶劣的海况下工作时减少平台所受的力,最佳的自升式平台应是单桩腿平台。欧洲北海使用的自升式平台大都是此种单桩腿的自升式平台。

在海洋油气勘探开发中,自升式钻井平台是目前应用最为广泛的移动式钻井设施。图 2-14 示出了 1991 年以来自升式钻井平台的年建造数量。1998 至 2003 年,全球出现一个建造自升式钻井平台的小高潮,主要型号有 LeTourneauSuper 11,Super Gorilla,Super Gorilla XL,F&GL-70 Mod V,Mod VI,以及 KeppelFELS(吉宝远东)的 A-Class,B-Class,总数接近 20 个。

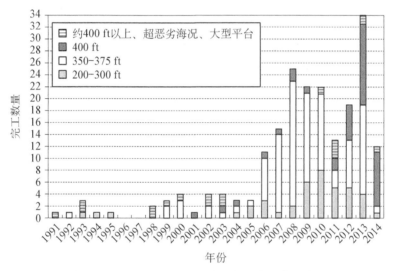

图 2-14 1991 年以来自升式钻井平台的建造数量

(图片来自参考文献[7])

世界自升式钻井平台的设计公司曾经达到 20 多个的规模,1956 年至 20 世纪 70 年代末,LeTourneau 是世界主要的平台设计公司。荷兰 MSC 在 1959 年进入自升式平台设计领域,20 世纪 80 年代初推出 CJ 系列平台。在 1980 年前后,国际上出现许多竞争对手,如美国 F&G,Baker Marine,法国 CFEM,日本 Mitsubishi,Hitachi,Mitsui 等。又经过最近三十年来的市场竞争,形成当今 5 大设计公司垄断的局面,即新加坡 KeppelFELS,美国 F&G,LeTourneau,Baker Marine,荷兰 MSC。表 2-3 列出了这些公司的主流平台型号。

表 2 - 3　主流自升式钻井平台型号

工作水深	平台设计				
	KeppelFELS	F&G	LeTournean	Baker Marine	MSC
200—300 ft		Super Mod II(13) L780 Mod II(7)	Tarzan(4)		CJ46(8)
350—375 ft	B - Class (53)		Super 116/116E (27) 240C(5)	BMC375 (27)	CJ50(4)
400 ft	A - Class/ SuperA(6)	JU - 2000E(20) JU - 3000N(6) L780 Mod V(3)		BMC400 (4)	
超恶劣海况的大型平台,约 400 ft 以上	N - Class(3)	L780 Mod VI G - Class(3)	Super Gorilla(3) Super Gorilla XL (1)		CJ62(2) CJ70(6)

括号内为 1991 年以来已建与在建的数量,之前曾经造过 33 座 L780 Mod V,3 座 CJ46,2 座 CJ50。Super 116/116E 的前身型号为 116 - S 与 116 - C,共造过 43 座。Super Gorilla 的前身型号为 Gorilla,共造过 5 座。(表格来自参考文献[7])

我国第一艘自升式钻井平台"渤海一号"(见图 2 - 15)于 1967 年由中国船舶及海洋工程设计研究院完成设计,1972 年在大连造船厂建成交船。

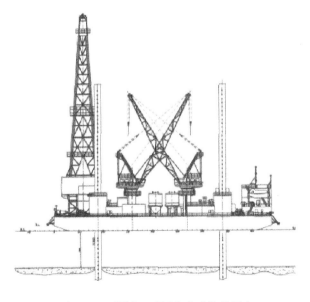

图 2 - 15　"渤海一号"自升式钻井平台

我国三大石油集团目前拥有的中深水桁架腿自升式钻井平台共计 25 座(包括在建 8 座),如表 2 - 4 所示。中国海洋石油总公司的"海洋石油 941"(见图 2 - 16)和"海洋石油 942"是目前国内自动化程度最高、作业水深最深、具有国际先进水平的自升式钻井平台。该平台属 F&G 设计的 JU 2000 型,一次定位最多能钻 30 多口井,并配备了自动化排管系统。

表 2 - 4　国内现有桁架腿自升式钻井平台

公司名称	平台名称	最大作业水深/m	桩腿类型	钻机能力/m	建造时间	备注
中国石化集团	勘探 2 号	90	桁架腿	6 000	1997	进口
	勘探 6 号	112	桁架腿	9 000	2008	进口
中国石油集团	中油海 9 号	76	桁架腿	7 000	2009	国产
	中油海 10 号	76	桁架腿	7 000	1977	国产
中国海洋石油总公司	渤海 4 号	90	桁架腿	6 000	1980	进口
	渤海 8 号	76	桁架腿	6 000	1980	进口
	渤海 10 号	76	桁架腿	6 000	1980	进口
	南海 4 号	90	桁架腿	6 000	1995	进口
	COSL931	97	桁架腿	6 000	1976	进口
	COSL935	90	桁架腿	6 000	2006	进口
	COSL941	122	桁架腿	9 000	2008	国产
	COSL942	122	桁架腿	9 000	2006	国产
	COSL Power	112	桁架腿	9 000	2006	进口
	COSL Force	112	桁架腿	9 000	2006	进口
	COSL Superior	112	桁架腿	9 000	2006	进口
	COSL Seeker	112	桁架腿	9 000	2006	进口
	COSL Confidence	112	桁架腿	9 000	2006	进口
	COSL Boss	122	桁架腿	9 000	2006	进口
	COSL Craft	122	桁架腿	9 000	2006	进口
	COSL936	106	桁架腿	9 000	在建	国产
	COSL937	106	桁架腿	9 000	在建	国产
	COSL921	106	桁架腿	7 000	在建	国产
	COSL922	106	桁架腿	7 000	在建	国产
	COSL923	106	桁架腿	7 000	在建	国产
	COSL924	106	桁架腿	7 000	在建	国产

(表格来自参考文献[8])

图 2-16 "海洋石油 941"自升式钻井平台

2.3.2 自升式平台的结构组成

1. 自升式平台结构

自升式平台由平台主体(漂浮于水面时为浮体)、桩腿(带桩靴)、升降装置三部分组成。结构形式是各种各样的,按平台主体的形状、桩腿的数目及形式、升降装置的类型等可分为井口槽式平台和悬臂梁式平台。

1) 自升式平台主体

平台主体平面形状与桩腿的数目密切相关,一般有三角形(三腿)、矩形(四腿)和五角形(五腿)等。中小型的自升式钻井平台,作业水深较小,多采用 4 根柱体式桩腿,平台主体平面呈矩形;大中型平台,作业水深较大,多采用 3 根桁架式桩腿,平台主体平面呈三角形(见图 2-17)。

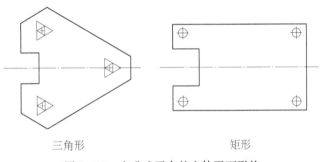

三角形   矩形

图 2-17 自升式平台的主体平面形状

2) 桩腿及桩脚箱的形式

桩腿是自升式钻井平台的重要构件之一。桩腿结构形式有柱体式和桁架式两大类,如图 2-18 所示。柱体式桩腿由钢板焊接成封闭式结构,其断面有圆柱形和方箱形两种,一般用于作业水深 60 m 以下的自升式平台。

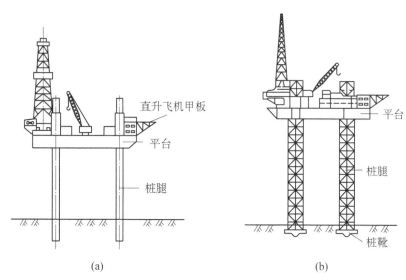

图 2-18　自升式钻井平台

（a）圆柱腿　（b）桁架腿

3) 升降装置

目前升降系统的驱动形式最常用的有两种:顶升液压缸式、齿轮齿条式。

2. 自升式平台的结构特点及适应范围

自升式平台由平台上体、桩腿和升降机等组成,一般无自航能力。平台带有能够自由升降的桩腿,作业时桩腿下伸到海底,站立在海床上,利用桩腿托起船壳,并使船壳底部离开海面一定的距离(气隙)。拖航时桩腿收回,船壳处于漂浮状态。自升式钻井平台有两种形式,独立桩腿式和沉垫式,平台的优点主要是所需钢材少、造价低,在各种海况下都能平稳地进行钻井作业;缺点是桩腿长度有限,使它的工作水深受到限制。目前最大的工作水深约在 120 m 左右,新一代自升式钻井平台将通过采用高强度钢、降低平台自重,增大可变荷载和自持能力以及采用先进的桩腿结构和升降机构等措施将最大作业水深延伸到 150~180 m。超过此水深,桩腿重量增加很快,同时拖航时桩腿升得很高,对平台稳性和桩腿强度都不利。

2.4　半潜式平台

2.4.1　半潜式平台发展概述

自 1961 年世界上首座半潜式钻井平台诞生到目前,半潜式钻井平台经历了
6 个发展阶段。第一代半潜式钻井平台出现在 20 世纪 60 年代中后期,由坐底式
平台演变而来,这个时期平台作业水深为 90~180 m,采用锚泊定位。1961 年诞生
的 Ocean Driller 为 3 立柱结构[见图 2-19(b)],甲板呈 V 字形;Blue Water 钻井公
司拥有的 Rig No. 1 半潜式平台为 4 立柱结构[见图 2-19(a)],该平台为 Shell 公
司设计;1966 年 Sedco 135 半潜式平台为 12 根立柱[见图 2-19(c)],为 Friede
Goldman 公司设计。这个时期的平台结构布局大多不合理,设备自动化程度低。

(a)

(b)

(c)

(c)

图 2-19　第一代半潜式平台

(a) Rig No. 1　(b) Ocean Driller　(c) Sedco 135

20 世纪 70 年代,出现了以 Diamond Offshore Ocean Baroness 和 Noble Lorris Bouzigard 等为代表的第二代半潜式钻井平台,如图 2 - 20 所示,这类平台作业水深 180～600 m,钻深能力以 6 096 m(20 000 ft)和 7 620 m(25 000 ft)两种为主,采用锚泊定位,设备操作自动化程度不高。

(a)　　　　　　　　　　　　　　　　　(b)

图 2 - 20　第二代半潜式平台

(a) Diamond Offshore Ocean Baroness　(b) Noble Lorris Bouzigard

1980—1985 年,以 Pride Venezuela,Diamond Offshore Ocean Vanguard,Atwood Eagle,Ocean Winner 等为代表的第三代半潜式钻井平台出现(见图 2 - 21),此时平台作业水深 450～1 500 m,钻深以 7 620 m(25 000 ft)为主,采用锚泊定位,结构较为合理,操作自动化程度不高。这类平台是 20 世纪 80～90 年代的主力平台,建造数量最多。

(a)　　　　　　　　　　　　　　　　　(b)

(c)　　　　　　　　　　　　　　　　(d)

图 2 - 21　第三代半潜式平台

(a) Pride Venezuela　(b) Ocean Vanguard　(c) Atwood Eagle　(d) Ocean Winner

以 Noble Amos Runner,Pride Brazil,Jack Bates,Transocean Richardson,
Scarabeo5 为代表的第四代半潜式钻井平台出现在 20 世纪 90 年代末,如图 2 -
22 所示,其作业水深达 1 000～2 000 m,钻深以 7 620 m(25 000 ft)和 9 144 m
(30 000 ft)为主,锚泊定位为主,采用推进器辅助定位并配有部分自动化钻台甲
板机械,设备能力与甲板可变载荷都有提高。DeHoop Megathyst 公司设计的
Pride Brazil,Pride Carlos Walter, Pride Portland, Pride Riode Janeiro 均属于
此级别平台。

(a)　　　　　　　　　　　　　　　　(b)

（c） （d）

（e）

图 2 - 22　第四代半潜式平台

（a）Noble Amos Runner　（b）Pride Brazil　（c）Jack Bates　（d）Transocean Richardson　（e）Scarabeo5

2000—2005 年期间,出现了以 Ocean Baroness, Ocean Confidence, Queiroz Galvao Perfuracoes 为代表的第五代半潜式钻井平台,如图 2 - 23 所示,其作业水深达 1 800～3 600 m,钻深能力在 7 620～11 430 m(25 000～37 500 ft)之间,采用动力定位为主,锚泊定位为辅的定位方式,能适应更加恶劣的海洋环境。由 Sedco Forex 公司设计的第五代半潜式平台采用模块化的甲板构件和 2 台独立

的管子垂直移运排放机等自动化设备,提高了钻管移放速度。同期平台有
Friede & Gold-man 设计的 GSF Development Driller I & II 和 Reading &
Bates RBS-8D 和 RBS-8M 设计的 Deepwater Horizon,Deepwater Nautilus。

(a)　　　　　　　　　　　　　　　　　　(b)

(c)　　　　　　　　　　　　　　　　　　(d)

图 2-23　第五代半潜式平台

(a) GSF Development Driller I&II　(b) Ocean Baroness　(c) Ocean Confidence　(d) Queiroz
Galvao Perfuracoes

　　21 世纪初,作为目前世界上最先进的第六代半潜式钻井平台相继诞生,如
F&G Exd, Aker H-6e, GVA 7 500, MSC DSS21 等。第六代半潜式钻井平台
作业水深达 2 550~3 600 m,多数为 3 048 m,钻深大于 9 144 m(30 000 ft),采用
动力定位,船体结构更为优化,可变载荷更大,配备自动排管等高效作业设备,能
适应极其恶劣的海洋环境(见图 2-24)。

(a)　　　　　　　　　　　　　　(b)

(c)　　　　　　　　　　　　　　(d)

图 2 - 24　第六代半潜式平台

(a) F&G Exd　(b) Aker H - 6e　(c) MSC DSS21　(d) GVA 7 500

第六代平台比以往钻井平台更先进的设计在于采用了双井口作业方式,即相对于陆地钻机而言,该平台钻机具有双井架,双井口,双提升系统等。主井口用于正常的钻井工作,辅助井口主要完成组装、拆卸钻杆及下放、回收水下器具等离线作业,虽然平台的投资有所增加,但是对于深海钻井作业效率的提高是显著的。据相关资料介绍,双井口钻井作业在不同的作业工况下可以节省 21%～70%的时间。

2.4.2　半潜式平台的结构组成

1. 半潜式平台结构

半潜式平台由上壳体(上部平台)、立柱、下壳体(下部浮体)或柱靴以及撑杆和重要节点所组成,如图 2-25 所示。

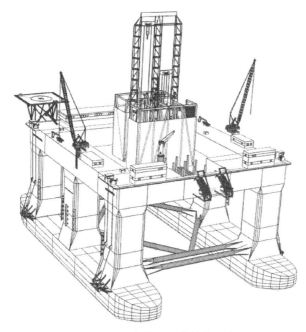

图 2-25 半潜式平台结构组成

上壳体,它是上部平台结构,提供作业场地、布置生产和生活设施。

立柱,它是连接上壳体和下壳体(或柱靴)的柱形结构,一般为大直径立柱,以保证平台稳性。立柱多为圆形,也有方形立柱。

下壳体,它是与几个立体相连的连续浮体。而柱靴是与单个立柱相连的独立浮体。下壳体和柱靴都是半潜式平台的下部浮体结构,提供浮力,设有压载水舱,可通过排水使平台上浮。

撑杆结构,它是将平台各主体结构连接成一个结构整体的连接构件,一般多为圆管状构件。

撑杆的作用可使整个平台形成空间结构,可把各种载荷传递到平台主要结构上,并可以对风、浪或其他不平衡载荷进行有效而合理的分布。撑杆是半潜式平台主要构件,按其所处的位置有水平撑杆(水平横撑、水平斜撑),垂向撑杆和空向撑杆等。为保证平台安全,要求在任何一根撑杆失效后,均不会导致平台结构总体坍塌,余下的各构件中所计算出的最大应力均应小于所规定的许用应力。

重要节点,它是半潜式平台的关键构件。半潜式平台节点较多,节点的形式也很多,如箱形节点、扩散型节点、球形节点、圆鼓形节点、加强型节点等。撑杆与上部平台、下壳体和立柱之间接头均构成重要节点。

图 2-26 为上船体(带有 1 m 的立柱);图 2-27 为下船体包含下浮体、水平桁撑及大部分立柱。

图 2-26　上船体合拢区域结构形式

图 2-27　Schahin 下船体结构形式

2. 定位系统

定位能力是半潜式钻井平台在海洋环境下进行钻井作业的关键保障要素,也是平台作业能力的重要指标。深水半潜式钻井平台定位方式有锚泊定位和动力定位两种,深水半潜式钻井平台通常配置双重定位设备——在浅水采用锚泊定位(自抛锚或者预抛锚),而在水深较深的地方(>1 500 m 水深)采用动力定位,也有的深水半潜式钻井平台在作业过程中采用全动力定位。

3. 半潜式平台结构特点及适应范围

从第一座半潜式平台的诞生到现在,已经发展到了第 6 代。随着半潜式平台结构的改进,平台的作业和钻井水深都有很大程度的增加。目前第 6 代平台使用了动力定位,更加优化的平台结构,配备了自动化作业设备,能够适应极其恶劣的海洋环境。

半潜式钻井平台的结构主要包括下浮体、上层平台和连接下浮体与上层平台的立柱。下浮体沉没于水面之下较深处,以减小波浪力的作用,上层平台高出水面一定的高度,以避免波浪的冲击。上层平台与下浮体之间使用立柱来连接,立柱的数目一般为 4~8 个,截面积较小。这样使平台具有小水线面、较大的固有周期的特点,在波浪中的运动就会大为减小,具有出色的深海钻井性能。

半潜式平台的六个自由度都为顺应式,运动的周期较大,大于波浪常见的周期。一般情况下,垂荡周期为 20~50 s,横摇和纵摇周期为 30~60 s,纵荡、横荡以及首摇的周期都大于 100 s。一座深海半潜式钻井平台在生存海洋环境下的运动响应较大,最大水平位移达到了工作水深的 18%,垂荡运动超过 ±10 m,横摇和纵摇运动角度超过 7°。由于其运动的位移较大,只能采用湿式采油树。

2.5　Spar 平台

2.5.1　Spar 平台发展概述

Spar 平台可以分为三代,按照其发展的时间顺序分别是 Classic Spar,Truss Spar 和 Cell Spar。各代 Spar 平台之间的区别主要集中在主体结构上。Spar 平台结构的比较如图 2-28 所示,每一代 Spar 都采取了一座具有代表性的平台作为示例,从左到右分别为 Classic Spar,Truss Spar 和 Cell Spar。

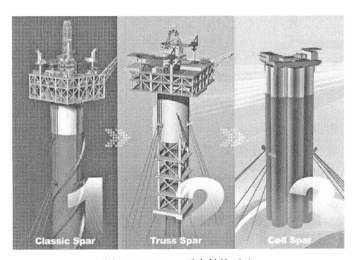

图 2-28　Spar 平台结构对比

　　Spar 平台是一种新型的深海采油平台,它的特点是结构尺度大,吃水深,在深水环境中运动稳定,特别适合于深水和超深水作业。Spar 技术应用于人类深海的开发已有近四十年的历史,但在早期它仅是一种辅助系统,用于储藏石油及其他物资,并不是现代意义上的 Spar 平台。1987 年,Edward E. Horon 设计了一种专用于深海钻探和采油工作的 Spar 平台,并以此申请了技术专利,这被公认为现代 Spar 生产平台的鼻祖。之后,Spar 平台才开始正式应用于海上领域。1996 年,Neptune Spar 在墨西哥湾水深 588 m 的 Viosca Knoll 油田 826 区投入使用,这是世界上第一座现代 Spar 平台,它的投入使用标志着 Spar 平台从此正式登上了海洋石油生产的舞台。Spar 平台的适用水深为 600～3 000 m,直径能达 30～40 m,吃水 200 m 左右。由于吃水深,水线面积小,Spar 平台的垂荡运动比半潜式平台小,可以采用干式采油树和刚性立管,同时,它还具有较大的储油能力。目前 Spar 平台可以分为三代。第一代是经典式 Spar 平台(Classic Spar),第二代为桁架 Spar 平台(Truss Spar),第三代为蜂巢式 Spar 平台(Cell Spar)。三代平台的上体和系泊系统基本相同,区别主要在于平台主体。

　　经典式 Spar 又称为箱式 Spar(Classic Spar),它是最早出现的 Spar 深海采油平台。它的主要特征是平台主体为单个在水中竖直悬浮的封闭式圆柱体,柱体外壁安装有螺旋状侧板,能够减少涡流的作用。经典式 Spar 平台建造成本较高,且体积巨大安装不便,仅建造了三座,随后出现了桁架式 Spar 平台和蜂巢式 Spar 平台。

　　Cell Spar 平台的主体不再是单个圆柱形结构,而是由若干个较小的圆柱体构成,以一个为中心,其他的环绕着该中央柱体并捆绑在其上。这些圆柱体相互平行,直径相同,但长度不一样,可以分为长分段和短分段,各分段以顶部为基准对齐。从顶部到短分段的下端为硬舱,长分段则向下延长,底部与软舱相连接,中段部分安装若干垂荡板。Cell Spar 平台主体用若干个小的圆柱体来组成,各圆柱体的体积不是很大,对于造船场所的要求大大降低,同时,Cell Spar 平台比经典式和桁架式拥有更小更轻的主体结构,钢材的耗用量和安装运输工作量都会有所减少,因而平台的整体造价大幅降低。

　　综上所述,目前 Spar 平台已经发展了 3 代,主要部分在役的平台情况统计如表 2-5 所示。

表 2 - 5　部分在役 Spar 平台主要数据统计表

名称	主体尺度		主体质量 /t	设计载重 /t	系泊缆		水深 /m	海底 基础	建成 时间 /年	类型
	长度 /m	直径 /m			材料	数量 /根				
Neptune	215	22	12 960	59 930	钢	6	588	桩基	1997	Classic
Genesis	215	37	26 703	90 000	钢	14	793	桩基	1998	Classic
Hoover	215	37	3 500	180 000	钢	12	1 463	桩基	1999	Classic
Nansen	166	27	12 000	87 500	钢	9	1 120	桩基	2001	Truss
Boomvang	166	27	12 000	87 500	钢	9	1 052	桩基	2002	Truss
Horn Mountain	170	32	14 600	86 000	钢	9	1 646	吸力	2002	Truss
Medusa	168	29	11 300	>48 900	钢	9	678	吸力	2002	Truss
Devils Tower	179	29	<11 300	>48 900	钢	9	1 710	吸力	2003	Truss
Gunnison	167	30	13 797	107 700	钢	9	960	吸力	2004	Truss
Holstein	227	45	37 000	239 900	钢	16	1 308	吸力	2004	Truss
Mad Dog	169	39	20 000	163 290	尼龙	11	1 347	吸力	2004	Truss
Front Runner	168	29	>11 300	>60 000	钢	9	1 067	吸力	2004	Truss
Constitution	169	30	14 800	107 700	钢	9	1 512	吸力	2005	Truss
Red Hawk	171	20	7 200	15 200	尼龙	6	1 500	吸力	2004	Cell

（表格来自参考文献[31]）

2.5.2　Spar 平台的结构组成

1. Spar 平台的结构

在结构上可以分成三个部分：平台上体、平台主体以及系泊系统。其中平台上体和平台主体并称为平台本体。Spar 平台的系泊系统与 TLP 平台的垂直张力腿不同，它采用斜线系泊，一般采用半张紧式悬链线系泊，系泊缆中的预张力要比 TLP 平台小得多。以 Truss Spar 为例详细介绍 Spar 平台的各个组成部分。Spar 平台在整体组成上一般可分为四大系统：上部模块，浮体（hull shell），立管系统，系泊系统（包括锚固基础），如图 2 - 29 所示。

1）顶部甲板模块

Spar 平台甲板模块通常由两层至四层矩形甲板结构组成，用来进行钻探、油井维修、产品处理或其他组合作业，井口布置在中部。一般设有油气处理设备、生活区、直升机甲板以及公共设施等，根据作业要求，也可在顶层甲板上安装重型或轻型钻塔以完成平台的钻探、完井和修井作业。

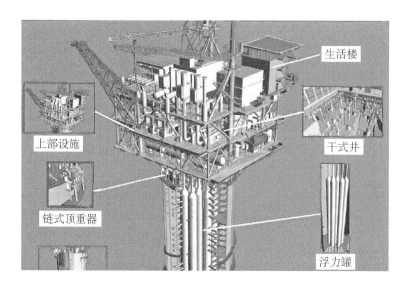

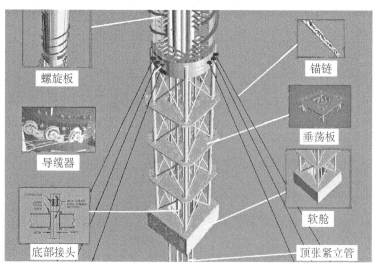

图 2-29 Spar 平台整体布置

2) 平台浮体

平台浮体模块提供主要浮力,并保证平台作业安全。从上到下主要分为硬舱、中段、软舱。硬舱是一个大直径的圆柱体结构,中央井贯穿其中,设置固定浮舱和可变压载舱,为平台提供大部分浮力,并对平台浮态进行调整。中段为桁架结构,在桁架结构中设置两至四层垂荡板,增加平台的附加质量和附加阻尼,减少平台在波浪中的运动,提高稳性。软舱主要设置固定压载舱,降低平台重心,同时为 Spar 平台"自行竖立"过程提供扶正力矩。此外,主体外壳上还安装两至三列螺旋侧板结构,减少平台的涡激振动,改善平台在涡流中的性能。

Truss Spar 平台的主体分为硬舱、桁架和软舱 3 个部分。

从主体顶甲板至可变压载舱底部之间的部分称为硬舱,是一个大直径的封闭式圆柱休钢结构(见图 2-30),正方形的中央井贯穿其中。硬舱位于主体的上部,是整个平台系统的主要浮力来源。硬舱为多层多舱结构,每一层都由水密甲板分隔,而每一层又由从中央井的拐角处伸出的径向防水壁进一步地分为四个隔舱,以提高主体的抗沉性。位于水线处的舱层还包含有附加的双层防水壁结构以降低平台由于船只碰撞破损后的灌水体积;底部舱层通常作为可变压载舱,其他舱层作为固定浮舱;用于储藏柴油、原油、甲醇、饮用水等的容器通常建在平台硬舱的顶部。

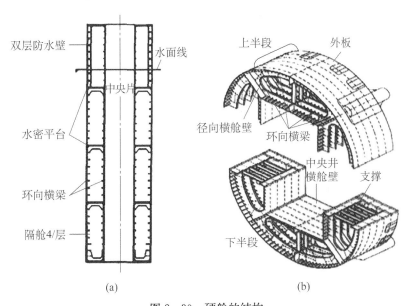

图 2-30　硬舱的结构

(a) 硬舱的纵剖面　(b) 内部结构

另外,在主体的外壳上,还装有 2~3 列侧板结构,沿整个主体的长度方向呈螺旋状布置。螺旋形侧板能够对经过平台圆柱形主体的水流起到分流作用,从而可以减少平台的涡激振动。

3) 硬舱的结构形式

环向横梁上用于支撑的径向支撑或梁的数量,与平台的直径有很大关系:随着直径的增大,环向横梁的空间跨距加大,需要增加支撑来加强结构。根据径向支撑结构的数量,可将硬舱结构形式分为 3 类。

（1）单支撑式。是指在一个呈闭环形式的环向横梁上采用一个径向支撑结构来进行加强，采用该结构形式的 Truss Spar 平台见表 2-6，它共有 3 种结构形式，如图 2-31 中的 a，b，c 所示。

表 2-6　Truss Spar 平台硬舱结构形式分类及主体相关参数

结构形式	名称	直径/m	中央井/m×m	主体长度/m	主体质量/t	建造地点	投产时间
单支撑式	Nansen	27.4	12.2×12.2	165.5	10 850	芬兰	2002
	Boomvang	27.4	12.2×12.2	165.5	10 850	芬兰	2002
	Gunnison	29.9	12.8×12.8	167.0	12 115	芬兰	2003
	Front Runner	28.6	12.8×12.8	179.0	12 785	阿联酋	2004
	Constitution	29.9	12.8×12.8	168.8	13 426	芬兰	2006
双支撑式	Horn Mountain	32.3	15.9×15.9	169.1	13 272	芬兰	2002
	Medusa	28.6	12.8×12.8	178.6	11 700	阿联酋	2003
	Devils Tower	28.7	12.8×12.8	178.6	10 623	印尼	2004
	Mad Dog	39.0	18.3×18.3	169.1	18 934	芬兰	2005
	Kikeh	32.3	16.8×16.8	141.7	13 426	马来西亚	2007
	Tahiti	39.0	15.2×15.2	169.2	24 000	芬兰	2009
	Perdido	36.0	14.0×14.0	170.0	20 573	芬兰	2009
三支撑式	Holstein	45.5	22.9×22.9	227.3	21 327	芬兰	2004

（表格来自参考文献[34]）

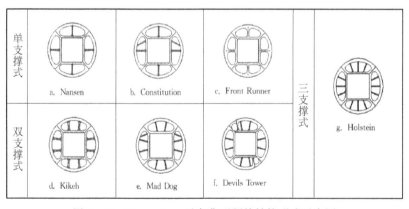

图 2-31　Truss Spar 平台典型硬舱结构形式示意图

（2）双支撑式。双支撑式的结构形式是指在一个呈闭环形式的环向横梁上采用两个径向支撑结构来进行加强，采用该结构形式的 Truss Spar 平台也具有 3 种结构样式，如图 2 - 31 中的 d,e,f 所示。

其中，Horn Mountain，Kikeh 和 Perdido 的径向支撑是典型的双支撑式。Mad Dog 和 Tahiti 则与 Constitution 类似，在左右两侧各安装一个用于加强上半段吊装时整体强度的斜向支撑。Medusa 和 Devils Tower 除双支撑式结构外，还呈圆周对称分布着一对竖井通道（Access Shaft），结构略显复杂。

（3）三支撑式。拥有此结构形式的 Truss Spar 是目前世界上最大的 Spar 平台"Holstein Spar"，结构样式如图 2 - 31 中的 g 所示。

4）桁架结构

桁架结构作为硬舱与软舱之间的刚性连接，是类似于导管架结构的空间钢架。桁架结构有效地降低了平台主体在竖直平面上的投影面积，从而降低平台的水平外力载荷，减小了在水平方向上的运动响应。桁架上水平设置的垂荡板增加了平台在垂荡运动时的附加质量和阻尼，降低了平台垂荡运动的固有频率，从而减少了与波浪频率发生共振的可能性。

桁架通常由圆柱立腿、水平撑杆、斜杆和垂荡板组成，并在垂荡板上装有让立管通过的导向装置。

桁架部分的建造主要涉及板架结构（垂荡板）和传统的管架结构的建造。桁架部分一般使用结点建造法制造。通常结点、X 型支撑和垂荡板均是在车间内预制的，而后运往组装区和弦管等进行组装。

5）软舱

平台主体在桁架以下的部分称为软舱，位于平台的最底部。在安装阶段，软舱为平台主体在水中水平漂浮提供浮力。平台竖立后，固定压载将存放于软舱，可以降低平台重心，使得平台重心低于浮心从而保证平台的无条件稳性。

软舱为板式钢结构舱室，主要为板架结构，结构相对简单；软舱处的中央井内通常装有立管导向框架。Holstein Spar 的软舱结构如图 2 - 32 所示。

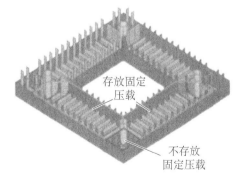

图 2 - 32　Holstein Spar 软舱结构

6) 立管系统

Spar 的立管系统主要由生产立管、钻探立管、输出立管以及输送管线等部分组成。由于 Spar 的垂荡运动很小,可以支持顶端张紧立管(TTR),每个立管通过自带的浮力罐或甲板上的张紧器提供张力支持。浮力罐从接近水表面一直延伸到水下一定深度,甚至超出硬舱底部。在中心井内部,由弹簧导向承座提供这些浮罐的横向支持。柔性海底管线(包括柔性输出立管),可以附着在 Spar 的硬舱和软舱的外部,也可以通过导向管拉进桁架内部,继而进入到硬舱的中心井中。由于立管系统位于中央井内,因此在主体的屏障作用下不受表面波和海流的影响。

7) 系泊系统

系泊系统采用的是半张紧悬链线系泊系统,下桩点在水平距离上远离平台主体,由多条系泊索组成的缆索系统覆盖了很宽阔的区域。系泊索包括海底桩链,锚链为钢缆或聚酯纤维组成。导缆器安装在平台主体重心附近的外壁上,目的是减少系泊索的动力载荷。起链机是对系泊系统进行操控的重要设备,分为数组,分布在主体顶甲板边缘的各个方向上,锚所承受的上拔载荷由打桩或负压法安装的吸力锚来承担。

Spar 平台的系泊系统都是由链-缆-链组成的张拉悬链线系统(见图 2-33)。所谓张拉系统是指系泊系统的锚固基础在任何工况条件下都存在向上的力。

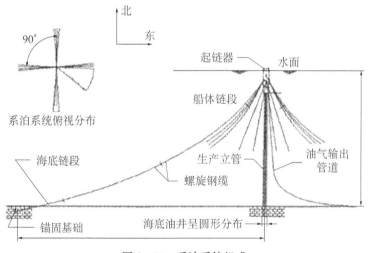

图 2-33 系泊系统组成

系泊索一般有三部分组成。最上面的部分称为船体链段,由安装在主体结构上部甲板的链式起重机或起链机提供张拉力,并通过导缆孔与下部锚链相连。系泊系统的中间段为螺旋钢缆或尼龙缆,下部与海底链段相连。锚链的长度和锚泊系统提供的张拉力应保证除非在非常极端的工况条件下,钢缆或尼龙缆不与海底相接触。海底链段与桩或吸力锚相连,桩或吸力锚可以提供足够的抗拔力和水平承载力。

系泊索布置形式是系泊系统的基础,在已建成的 SPAR 平台当中,Truss SAPR 平台的系泊系统一般采用的是分组式布置方式,如 Horn Mountain SPAR 平台的系泊索分为 3 组,每组包含 3 根系泊索,相邻两组系泊索之间相隔 120°。分组布置系泊系统的优点在于:便于系泊设备的布置,避免在主体下方安装导缆孔;简化系泊索长度优化的计算;在需要的情况下可以布置更多的系泊索。而 Cell SPAR 平台仅有 Red Hawk 一座,它共有 6 根系泊索,呈散布式布置,相邻两根系泊索之间间隔为 60°,每根系泊索均位于相邻两根立柱之间。这种布置形式可以减少在侧板上的穿孔,也可以减少扰流,还可以减小 VIV 引起的横向运动,而且采用散布式系泊索在单根损坏的情况下更有效。

在确定了系泊索布置形式后需要确定所使用的系泊索的形式、参数以及材料。目前深水平台的系泊索大多采用链-索-链的张拉悬链线形式。所谓链-索-链式,指的是每根系泊索由三部分组成,最上面的部分称为船体链段(platform chain),船体链段由安装在主体结构上部甲板的链式起重机或是起链机提供张拉力,并通过导缆孔与下部锚缆相连;中间段为螺旋钢缆或合成缆,下部与海底链段相连;海地链段与桩或吸力锚相连,桩或吸力锚可以提供足够的抗拔力和水平承载力,锚缆的长度和锚泊系统提供的张拉力应保证除非在非常极端的工况条件下,钢缆或尼龙缆不与海底相接触。与传统的锚链式系泊方式相比,这种形式可以大大减轻系泊索的自身重量,降低成本,保证平台的有效载荷。所谓张拉悬链线形式是指系泊索在水中的几何形状是由标准悬链线方程确定的,同时锚链(缆)也从不躺放在海底,锚载荷在任何条件下都存在向上的分量。张拉悬链线式系泊方式中也可以采用合成缆。

SPAR 平台系泊索的中间段可以采用螺旋钢缆也可以采用尼龙缆。尼龙缆比重轻,强度高,相同强度下尼龙缆的重量仅是钢缆的 1/2 以下,但是尼龙缆本身具有强烈的非线性,会使得系泊系统的计算分析非常复杂,同时有关尼龙缆的试验数据较少,也制约了尼龙缆的应用。

Spar 平台系泊系统的一个显著特点是覆盖区域很大,锚固基础与 Spar 主体的距离可达到数千英尺。目前 Spar 平台锚固基础形式主要有两种,即吸力锚(又称吸力桩)和桩基。桩基础的大规模应用发展始于 20 世纪 50 年代,从一些大型工程中采用了钢筋混凝土预制桩,取得了桩基设计与施工的初步经验。最早采用的桩基础施工方法是打入法。打入的工艺从手锤到自由落锤,然后发展到蒸汽驱动、柴油驱动和压缩空气为动力的各种打桩机。另外,还发展了电动的震动打桩机和静力压桩机。而吸力锚这一新型海洋平台基础形式,它可以用来为船只提供系泊力,也可以作为海洋平台等构成建筑物的基础结构。由于吸力锚施工简便、使用安全可靠、可实现异地复用等特点,与传统的桩结构相比具有更好的技术经济特性,因而很快得到了海洋工程界的广泛重视。现有的美国境内 10 座 Truss spar 平台的锚固基础,其中 6 座采用打入式桩基,4 座采用吸力锚式基础。

2. Spar 平台结构特点及适应范围

Spar 平台一般由一个圆柱形结构主体和系泊系统组成,圆柱直径一般为 25 m 左右,高度大约在 200～250 m 左右,柱体内部是空的,里面可以放置生产立管。Spar 平台具有优良的性能,可以应用于深达 3 000 m 水深处的石油生产。Classic Spar 是最初提出的 Spar 平台结构类型,但由于其主体尺寸较大、有效载荷能力不高、平台建造成本较大等问题,目前主要采用开放式桁架结构代替 Classic Spar 中段部分,其间分层设置减少平台波浪运动的垂荡板。采用这种设计的优点是减小了主体的横向受力面积,节省了平台的用钢量,同时垂荡板结构可以有效地限制平台的垂向位移;缺点是平台没有储油能力。与传统 Spar 相比,桁架式 Spar 平台的最大优势在于其建造时对钢材的用量大大降低,从而能有效地控制建造费用,因此得到广泛的应用。

由于 Classic Spar 和 Truss Spar 平台主体体积庞大,对主体建造场地要求较高,使得主体均在欧洲和亚洲造船发达国家制造,然后用特种船舶运输到作业海域进行组装,因此运费昂贵,且安装困难。2004 年 Edward E. Horton 设计了新一代的多柱式 Spar-Cell Spar,并成功应用到 Red Hawk 油田。此种 Spar 的主体由若干个小型中空等直径的圆柱体捆绑组成,每个单独圆柱体的体积相对较小,对建造场所要求不高,而且便于多方协同建造,由于单个柱体体积相对较小,便于运输到平台作业海域组装。

参考文献

[1] 张智,董艳秋,唐友刚,崔毅. 1990 年后世界 TLP 平台的发展状况[J]. 中国海洋平台, 1999,2:5-11.
[2] 周振威,孙树民. 深海海洋平台发展综述[J]. 建造工艺,2012,63-66.
[3] 杨雄文,樊洪海. TLP 平台结构型式及其总体性能分析[J]. 石油机械,2008,36(5): 70-73.
[4] 董艳秋,胡志敏,张翼. 张力腿平台及其基础设计[J]. 海洋工程,2000,18(4):63-68.
[5] 董艳秋,胡志敏,马驰. 深水张力腿平台的结构形式[J]. 中国海洋平台,2000,15(5):

1－5.

［6］姜萌.近海工程结构物——导管架平台[M].大连：大连理工大学出版社,2009.

［7］陈宏.当今国际自升式钻井平台设计与建造市场的竞争态势[J].海洋石油,2012,32（1）：97－102.

［8］罗宏志,蒙占彬.国内深水自升式钻井平台发展概况[J].中国海洋平台,2010,25(4)：5－7.

［9］陈宏,李春祥.自升式钻井平台的发展综述[J].中国海洋平台,2007,22(6)：1－6.

［10］陈宏.自升式钻井平台的最新进展[J].中国海洋平台,2008,23(5)：1－7.

［11］陈宏."BMC 375"型自升式平台简况及设计特点[J].中国海洋平台,2010,25(5)：1－4＋10.

［12］陈宏.桁架腿自升式平台极限刺穿深度的计算[J].中国海洋平台,2011,26(1)：44－51.

［13］陈宏,李春祥.自升式平台逆 K 型桩腿节点的极限强度分析[J].中国海洋平台,2011.

［14］汪张棠,赵建亭.我国自升式钻井平台的发展与前景[J].中国海洋平台,2008,23(4)：8－13.

［15］栾苏,韩成才,王维旭,于兴军.半潜式海洋钻井平台的发展[J].石油矿场机械,2008,37（11）：90－93.

［16］胡辛禾.第五代海上半潜式钻机[J].石油机械,2001,29(4)：57－61.

［17］赵建亭.深海半潜式钻井平台钻机配置浅析[J].船舶,2006(4)：37－38.

［18］周振威,孙树民.深海海洋平台发展综述[J].建造工艺,63－77.

［19］赵洪山,刘新华,白立业.深水海洋石油钻井装备发展现状[J].石油矿场机械,2010,39（5）：68－74.

［20］孟昭瑛,任贵永.半潜式平台工作原理和结构特点分析[J].中国海洋平台,10(1)：35－37.

［21］孙涛,桂文彬,俞志刚.半潜式平台定位系泊控制试验系统设计与应用[J].船舶工程,2012,34：84－86.

［22］未俊丰,李天侠,刘淑香.半潜式平台上船体整体安装导向装置介绍[J].船舶,2010,6：44－46.

［23］田新.半潜式平台钻井水下设备组成及工作原理[J].中国造船,2010,51：121－125.

［24］王跃曾,黄志强,唐海雄,陈奉友,李晶晶,曹大贵.半潜式钻井平台螺杆泵测试新工艺[J].石油天然气学报,2010,32：341－343.

［25］方华灿.对我国深水半潜式平台设计的几点浅见[J].中国海洋平台,2008,23(2)：1－6.

［26］吴小平,李斌.海洋平台及其相关技术介绍[J].船舶设计通讯,2010,125：65－70.

［27］晏绍枝,李浪清,黄映城,赵建亭.深海半潜式钻井平台钻井系统选型探讨[J].中国海洋平台,2010,25(6)：42－51.

［28］杨轶普,肖文生,岳吉祥,王凌寒.深水半潜式平台钻井控制室设计[J].应用开发,2009,38(3)：68－72.

［29］顾罡.国外 Spar 平台研究与发展综述[J].舰船科学技术,2008,30(3)：167－170.

［30］周振威,孙树民.深海海洋平台发展综述[J].建造工艺,2012,63－77.

［31］石红珊,柳存根.Spar 平台及其总体设计中的考虑[J].中国海洋平台,22(2)：1－4.

［32］王世圣,李新仲,谢彬.深水桁架式 Spar 平台总体设计方法与总体性能研究[C].第十五届中国海洋学术讨论会论文集.

[33] 黄冬云,李新仲,王世圣,邵艳红.Spar 平台上部设施和设备总体布置[J].中国造船,2012,53(1):60-67.

[34] 邢宏岩,宋友良,王志勇.Truss Spar 平台主体结构与建造初探[J].中国海洋平台,2009,24(1):51-56.

[35] 白兴兰,黄维平.钢悬链线立管与Spar整体分析初探[J].工程力学,2009,26(12):161-166.

[36] 姜哲,崔维成,胡志强,黄小平.桁架式 Spar 平台方案设计研究[J].舰船科学技术,2009,31(9):43-50.

[37] 王圣强,李飒.Spar 平台不同锚固基础形式的研究[D].天津大学论文,2008.

[38] 李飒,郝立忠,李忠刚.深海 Spar 平台锚泊系统和锚固基础应用综述[J].中国海洋平台,2011,26(5):6-10.

[39] 廖谟圣.海洋石油钻采工程技术与装备[M].北京:中国石化出版社,2010.

第3章　钻井系统与设备简介

钻井是石油开发最主要的手段之一。通过钻井才能证实勘探地区是否含油以及含油多少;通过钻井才能将地下的油气开采出来。钻井技术水平不仅直接影响到勘探的效果和油气的产量,而且关系到油田开发总成本的高低(钻井成本一般占勘探阶段成本的 $30\%\sim80\%$,占油气田开发阶段投资 $50\%\sim80\%$)。因此,提高钻井技术水平和钻井效率,降低钻井成本,对油气田开发具有重要意义。一个国家拥有的钻井设备数量、年钻井进尺、钻井口数往往是衡量这个国家石油开发水平的重要标志。海上钻井方法及工艺技术和陆地钻井基本相同,所不同的是在海洋环境中,需隔着巨大水体作业而有其特殊性。

钻井系统是钻井平台最主要的功能所在,海上钻井的主要设备和陆地钻井基本一样,海洋石油钻井平台上的钻井主设备包括:

(1)海洋石油钻机。

(2)钻井顶部驱动装置。

(3)钻井泥浆泵。

钻井平台上石油钻井通常配套设备系统包括:

(1)泥浆制备与净化系统。

(2)固井系统。

(3)测井系统。

(4)井控系统。

(5)钻具拧卸排放系统。

(6)水泥粉、黏土粉和重晶石粉的储存与输送系统等。

3.1　海洋石油钻机主设备

3.1.1　海洋石油钻机的分类

海洋石油钻机按提升和下降钻柱方式分为绞车型与液缸或其他机械垂直升

降型(如齿轮齿条升降型);按钻机的传动方式分为电传动、静液传动和柴油机-机械传动型。由于柴油机-机械传动型在海上不便于紧凑布置、不便于集中操作控制、不便于使用平台上统一的发电系统电源、井场操作处噪声大且温度高,早已被淘汰而绝大部分采用电传动。而电传动钻机又发展了三代,即直流发电电源驱动直流电动机(DC-DC)、交流发电电源通过可控硅整流驱动直流电动机(AC-SCR-DC)、交流变频驱动(AC-GTO-AC)。交流变频驱动近年来又发展了全数字矢量变频控制(AC-VFD-AC 或 AC-DC-AC)。目前,海洋石油钻机发展多为交流变频驱动,少量采用静液传动;AC-SCR-DC 驱动仅用于已建成未经改造的平台。

海洋石油钻机的主要特点:

(1) 固定安装于平台,随平台整体移运。海洋石油钻机均固定安装于各类平台上,在更换井位时不需要拆卸钻机。

(2) 在新建造的平台上(如导管架式平台)为便于快速吊装钻井设备,或将其从 A 平台吊运到 B 平台,通常将钻机、泥浆泵、固井、发电设备等设计成为模块化设备。

(3) 较陆地钻机具有更高的安全性、可靠性和适应性。海洋石油钻机要求具有较高的适应海洋环境的能力(如防盐雾腐蚀等)。

(4) 采用深井、超深井石油钻机。一般配备钻机钻井深度能力:对于自升式、坐底式和固定式平台上配备钻机钻井深度能力为 6 000~9 000 米;对于深水和超深水钻井平台上配备钻机钻井深度能力为 9 000~12 000 米。

(5) 采用电驱动石油钻机。

(6) 采用大功率泥浆泵。

(7) 采用大功率和大通经转盘。

(8) 全部采用顶部驱动(TDS)钻井系统。

(9) 采用特殊设计的海洋井架及下部结构。

(10) 为适应浮动式海洋石油钻井,采用特殊设计的海洋钻台及井架下部结构。

(11) 采用适应海洋环境的仪器仪表。

(12) 司钻控制和井口排放拧卸钻具系统的机械化、自动化程度明显高于陆地石油钻井。

3.1.2　海洋石油钻机的主要组成结构

海洋石油钻机是由陆地石油钻机发展而来的。钻机本体主要包括井架、天车、转盘、卡瓦、绞车、底座、游车、大钩、水龙头和钢丝绳组成。

1. 井架（derrick）

井架是钻机的主要起升设备之一，井架下的钻台是钻井作业的中枢。井架承担了钻井过程中所有钻杆的提升重量，同时它又给钻井提升装置，天车，游车；旋转装置顶驱，以及立管装置、指板和腹板，提供了安装位置。在钻井过程中，一次可以提升由 3—4 根钻杆组成的立柱，以便减少上卸钻杆的次数和提高起下钻的效率。

经过这个多年的发展，井架出现了很多类型。如图 3-1 所示的双闸板钻机，它有如下特点：重心和重量比较低，效率和安全程度相对高。

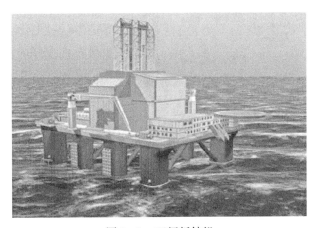

图 3-1 双闸板钻机

也有传统的单井架，双井架结构（见图 3-2），双井架结构相对于单井架结构来讲，它具有两套配置，可以提高钻井的效率。

图 3-2 单、双井架结构

井架的尺寸,由于海洋和陆地的钻井情况不同,井架的尺寸也不一样。平台上的井架高度一般不会超过 200 ft,多在 150 ft 左右,高度取决于游车和大钩所占的安装位置以及一个钻杆立柱所需要的高度。

2. 天车(crown block)

天车是安装在钻井架顶部的滑轮组。钻杆都是靠钢丝绳通过滑轮组,吊在钻井架里面的,但一根钢丝绳的抗拉能力不足以吊起几千米长的钻杆。简单的方法就是利用滑轮组来减少单根钢丝绳的受力。图 3-3 是一个典型的天车。

图 3-3 天车

根据钻井的深度,定滑轮组中有 6~8 个滑轮,如果是 8 个定滑轮,那么加上动滑轮组(traveling block)中 8 个动滑轮。钢丝绳经过定滑轮与动滑轮的组合,就有相当于把力分配到了 16 根钢丝绳上,大大减少了单根所受到的力。

但是,深海钻井架上的天车结构绝没有那么简单,它还包含了一套钻杆补偿装置,或者说天车是补偿装置的一部分(见图 3-4)。

图 3-4 钻杆补偿装置

这个补偿装置可以减少钻头上受力波动,因为浮式钻井平台的特点。它的结构由以下几个部分组成。定滑轮组(crown block),两个摇臂(rocker arm),两个气缸(cylinder),以及液压控制系统。汽缸的活塞杆与中间的定滑轮相连接,另一端固定在井架上。钢丝绳通过摇臂进入定滑轮组以及动滑轮组,绕线完毕后,经另外一个摇臂出来。

控制系统包括液压单元(HPU),高压气瓶(APV),控制板(control panel),蓄能器(accumulators),隔离阀(isolation valve)。

3. 游车(traveling block)

在前面已经提到,是动滑轮组。在钢丝绳的拉动下,它可以上上下下的移动,实物如图 3-5 所示。

图 3-5　游车

4. 大钩(hook)

直接挂在游车下面的大钩,主要用以悬挂水龙头和方钻杆及井下钻柱。挂在大钩两侧副钩上的吊环、吊卡,可在接单根、起下钻和下套管时,直接悬吊钻杆、套管,进行起下。为了节省在游车下悬挂大钩所占的空间,目前大型钻机的游车和大钩已合成一个整体结构,以便充分利用井架的有效高度,搬运安装时也更方便。

5. 绞车(drawwork)

它是钻机中的重要部件,其功能是提升下放井内钻具,并给钻头施加适当钻压,通过绞车上两端呈滚筒型的传动轴,还可吊升井场上的各种重物,上紧或松开钻柱的接头丝扣。将钢丝绳缠绕在绞车的滚筒上,另一端衍生到井架顶部的天车和游车,通过转动滚筒来改变钢丝绳的长度,从而提升和下放钻杆。从绞车滚筒到天车的这段钢丝绳我们通常成为"快绳"(fast line),然后绳子通过天车和游车缠绕,绳子的另一端被拉到钻井平台上的死绳固定器上固定,这部分绳子被称为"死绳"(dead line)。

一个现代的绞车一般由 5 部分组成：滚筒、马达、齿轮、主刹车和辅助刹车（见图 3-6）。马达可以是直流或交流的。齿轮可以决定绞车的速度，一般有三种速度组合。主刹车一般是盘式刹车，通过手动控制刹车盘，它的主要特点是可以使钻杆悬停。辅助刹车是直接连接到滚筒的，主要分为水刹车或电磁涡流刹车两种，主要用于吸收下钻时的能量，把机械运动转化为热能来降低速度，减少带刹车的负荷，起辅助刹车作用，以保证下钻和下套管安全。

图 3-6　绞车

图 3-7　死绳固定器

6. 死绳固定器(deadline anchor)

现在多数死绳固定器是装在钻台面上的，它的底座一定要插进去连到钻台面的主梁上，因为要承受很大的向上拉力。

死绳固定器的组成一般由钢结构主体，一个宽度为四圈钢丝绳的锚鼓，一套排线管夹和支撑锚鼓、负载元件和排线管夹的托架（见图 3-7）。

死绳固定器是用于固定从天车过来的钻井绳，保护钻井绳的末端，钻井绳的尺寸一般为 2 in(1 in=25.4 mm)。负载元件一般为液压缩式，可以与重量指示器或压力传送器一起工作。当钻井绳从井架过来后拉紧，死绳固定器的两力臂会转动，从而将力直接传递到负载元件，一般在司钻控制室中，有一个压力表专门用来监测死绳固定器的受力情况。

7. 转盘(rotary table)

长期以来,普通钻机的旋转系统,都用固定在钻台上的转盘驱动方钻杆带着井下钻具旋转。近几年来则在大型钻机上逐步装设直接与水龙头相接的顶部驱动装置,用以驱动井下钻具旋转(见图 3-8)。

图 3-8　转盘

它的主要功能是通过方钻杆等钻柱驱动钻头旋转,给钻头传送破岩功率;采用井下动力钻具驱动钻头旋转时,则用转盘卡住方钻杆,承受井下动力钻具的反扭矩;在起下钻柱和下套管时,可由转盘座挂井内管柱,支承管柱重量;在起钻时还可用转盘为钻杆卸扣。

目前,海上钻井平台使用的转盘一般常用规格有 37 1/2″、49 1/2″和 60 1/2″三种。

8. 卡瓦(power slip)

卡瓦设计安装在转盘里(见图 3-9)。它降低了套管连接的难度,使操作更简单。卡瓦配备可更换的卡瓦块和插入式载体来处理各种形式和尺寸的管子,还可以处理套管,钻杆和钻铤。司钻房里有一个脚踏板用来操纵开启与闭合,通常与钻管排放装置放在一起,既快又安全地传送钻杆。

图 3-9　卡瓦

3.2　海洋石油钻机顶部驱动装置

3.2.1　顶部驱动设备发展简述

顶部驱动(Top Drive System,TDS)是 1981 年由美国 Varco 公司最先推出

的新技术装备。目前海上石油钻井几乎全部用 TDS 替代了老式的转盘驱动旋转钻柱。部分陆地钻机也得到使用,当前全世界至少有 10 个以上制造商(如 Varco, Maritime Hydraulics, ACB-Bretfor, National-Oilwell, Canrig, Tesco, Bowen, Rumor 等)在研制制造 TDS,使用超过 550 台套 TDS(包括部分陆地石油钻机)。其发展也特别迅速,2007 年,已有适应于钻井深度能力为 15 000 m 的 TDS 问世。

所谓的顶驱,就是可以直接从井架空间上部直接旋转钻柱,并沿井架内专用导轨向下送进,完成钻柱旋转钻进,循环钻井液、接单根、上卸扣和倒划眼等多种钻井操作的钻井机械设备。

该系统是当前钻井设备自动化发展更新的突出阶段成果之一。经实践证明:这种系统可节省钻井时间 20% 到 30%,并可预防卡钻事故,用于钻高难度的定向井时经济效果尤为显著。

但在延续百多年的转盘钻井方式中,有两个突出的矛盾未能得到有效的解决:

(1) 起下钻时不能及时实现循环旋转的功能,遇上复杂地层或是岩屑沉淀,往往造成卡钻。

(2) 方钻杆的长度限制了钻进的深度(每次只能接单根),降低了效率,增加了劳动的强度,降低了安全系数。

20 世纪 70 年代,出现了动力水龙头,改革了驱动的方式,在相当的程度上改善了工人的操作条件,加快了钻井的速度以及同期出现的"铁钻工"装置、液气大钳等,局部解决了钻杆位移、连接等问题,但远没有达到石油工人期望的理想程度。

20 世纪 80 年代,美国首先研制了顶部驱动钻井系统 TDS - 3S 投入石油钻井的生产。80 年代末期新式高扭矩马达的出现为顶驱注入了新的血液和活力。TDS - 3H, TDS - 4 应运而生,直至后来的 TDS - 3SB、TDS - 4SB、TDS - 6SB。

20 世纪 90 年代研制的 IDS 型整体式顶部驱动钻井装置,用紧凑的行星齿轮驱动,才形成了真正意义上的顶驱,既有 TDS 到 IDS,由顶部驱动钻井装置到整体式顶部驱动钻井装置,实现了历史性的飞跃。

3.2.2 顶部驱动设备分类和组成

TDS 按驱动方式分为电驱动或静液驱动,电驱动目前主要采用 AC - SCR - DC 的可控硅调速直流电驱动和交流变频电驱动两种;按其用途分为大量用于海洋钻井采油平台的常规 TDS、少数用于自升式平台的 TDS 或侧驱系统和用于陆地可移快装式 TDS 等。但目前主要使用的是电驱动或静液驱动的常规TDS,如图 3－10 所示。

图 3－10　顶驱

它主要由动力及水龙头总成,导轨总成,管子处理装置总成三大部分组成(见图 3－11)。

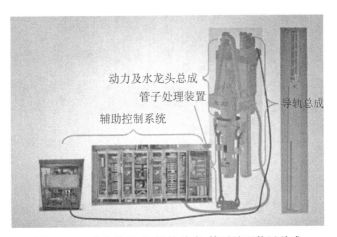

图 3－11　水龙头总成,导轨总成,管子处理装置总成

1. 动力及水龙头总成

它的作用是提供钻井动力和钻井液通道。主要由电机或马达、水龙头、刹车装置、变速机构、循环机构、冷却系统等组成,如图 3－12 所示。

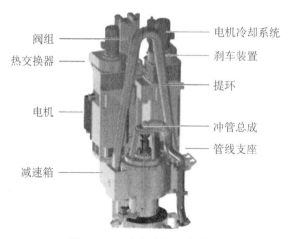

图 3-12　动力及水龙头总成

阀组　电机冷却系统　热交换器　刹车装置　提环　电机　冲管总成　管线支座　减速箱

2. 导轨总成

它的作用是对游车和顶驱起导向和承受反扭矩作用。其结构组成为(1)导轨(装在井架内),(2)导向滑车(底座和框架组成),如图 3-13 所示。

导向滑车　导轨

图 3-13　导轨总成

顶部驱动的主要优点:

(1) 节省接单根时间。顶部驱动钻井装置不使用方钻杆,不受方钻杆长度的限制也就避免了钻进 9 m 左右接一个单根的麻烦。取而代之的是利用立根钻进,这样就大大减少了接单的时间。按常规钻井接一个单根用 3～4 min 计算,钻进 1 000 m 就可以节省 4～5 h。

（2）倒划眼防止卡钻。由于不用接方钻杆就可以循环和旋转，所以在不增加起下钻时间的前提下，顶部驱动钻井装置就能够非常顺利地将钻具起出井眼，在定向钻井中，这种功能可以节约大量的时间和降低事故发生的概率。

（3）下钻划眼。顶部驱动钻井装置具有不接方钻杆钻过砂桥和缩径点的能力。

（4）节省定向钻进时间。该装置可以通过 28 m 立根钻进、循环，这样就相应地减少了井下马达定向的时间。

（5）人员安全。顶部驱动钻井装置，是钻井机械操作自动化的标志性产品，终于将钻井工人从繁重的体力劳动中解救出来。接单根的次数减少了 2/3，并且由于其自动化的程度高，从而大大减少了作业者工作的危险程度，进而大大降低了事故的发生率。

（6）井下安全。在起下钻遇阻、遇卡时，管子处理装置可以在任何位置相连，开泵循环，进行立根划眼作业。

（7）设备安全。顶部驱动钻井装置采用马达旋转上扣，操作动作平稳、可以从扭矩表上观察上扣扭矩，避免上扣过赢或不足。最大扭矩的设定，使钻井中出现憋钻扭矩超过设定范围时马达就会自动停止旋转，待调整钻井参数后再进行钻进。这样就避免了设备长时间超负荷运转，增加了使用寿命。

（8）井控安全。该装置可以在井架的任何位置钻具的对接，数秒钟内恢复循环，双内防喷器可安全控制钻柱内压力。

（9）便于维修。钻井马达清晰可见。熟练的现场人员约 12 h 就能将其组装和拆卸。

（10）使用常规的水龙头部件。顶部驱动装置可使用 650 t 常规水龙头的一些部件，特殊设计后维修难度没有增加。

（11）下套管。顶部驱动钻井装置的提升能力很大（650 t），在套管和主轴之间加一个转换头（大小头）就可以在套管中进行压力循环。套管可以旋转和循环入井，从而减少缩径井段的摩阻力。

（12）取心。能够连续钻进 28 m，取心中间不需接单根。这样可以提高取心收获率，减少起钻的次数与传统的取心作业相比它的优点明显。污染小、质量高。

（13）使用灵活。可以下入各种井下作业工具、完井工具和其他设备，既可以正转又可以反转。节约泥浆。在上部内防喷器内接有泥浆截流阀，在接单根时保证泥浆不会外溢。

(14) 拆卸方便。工作需要时不必将它从导轨上移下就可以拆下其他设备。

(15) 内防喷器功能。起钻时如果有井喷的迹象即可由司钻遥控钻杆上卸扣装置,迅速实现水龙头与钻杆的连接,循环钻井液,避免事故的发生。

(16) 其他优点:采用交流电机驱动,减低维修保养费用;特别适用于定向井和水平井,因为立根钻进能使钻杆尽快地通过水平井段的一些横向截面。

静液驱动 TDS 除了上述优点外,还有马达重量功率比和重量扭矩均小;易获得较大的力与力矩;能在较大范围实现无级调速;易于实现恒功率调节;运动平稳、均匀、无冲击、运动惯量小;易于防止过载、避免人身、设备及井内事故;操纵性好、易于与电、气、电脑结合,实现遥控、自动与编程控制等优点。

3.3 泥浆泵

泥浆泵,是指在钻探过程中向钻孔里输送泥浆或水等冲洗液的机械。泥浆泵是钻探设备的重要组成部分。在常用的正循环钻探中,它是将地表冲洗介质——清水、泥浆或聚合物冲洗液在一定的压力下,经过高压软管、水龙头及钻杆柱中心孔直送钻头的底端,以达到冷却钻头、将切削下来的岩屑清除并输送到地表的目的。常用的泥浆泵是活塞式或柱塞式的,由动力机带动泵的曲轴回转,曲轴通过十字头再带动活塞或柱塞在泵缸中做往复运动。在吸入和排出阀的交替作用下,实现压送与循环冲洗液的目的。

海洋石油钻机配套泥浆泵大多沿用陆地石油钻井泥浆泵,将其撬化和模块化,以便于吊装。石油钻井泥浆泵的发展,在 1960 年及以前,多为双缸、双作用往复式泥浆泵,由于其缸数多、密封环节多,限制了工作压力的提高;缸壳体结构相对复杂而必须采用铸造壳体,成本相对增加且限制了工作压力的进一步提高;双缸的排量曲线显示其排量的不均匀性,必须加大排出端空气包的容积以改善和补偿排量的均匀度,因而增加了泵的体积、重量和制造成本;1960 年以后,由于高压喷射钻井工艺的迅速发展与推广及钻井井深的不断增加,要求钻井泥浆泵工作压力不断提升,故发展了三缸单作用泥浆泵,这种泥浆泵由于其缸数相对减少、密封环节相对也少、工作压力可明显提高;缸壳体结构相对简单、可采用强度高的锻造钢做缸体,成本相对减小且易于提高缸体承压压力;三缸的排量均匀度显著改善,并联空气包的容积也明显减少,因而泵的体积、重量与制造成本亦明显减少,故目前海洋石油钻井几乎全部采用三缸单作用泥浆泵。

典型的三缸单作用泥浆泵的结构如图 3-14 所示。其主要组成零部件：碳钢焊接的机体和机座、锻造钢的缸体、大小人字齿轮、曲轴或带有互成 120°偏心轮的驱动轴、曲轴主轴承、动力传动轴、传动轴轴承、连杆、连杆轴承、十字头、十字头轴瓦、活塞杆、活塞、排出阀、吸入阀、空气包以及相关密封件和润滑系统等。

图 3-14 三缸单作用泥浆泵

泥浆泵性能的两个主要参数为排量和压力。排量以每分钟排出若干升计算，它与钻孔直径及所要求的冲洗液自孔底上返速度有关，即孔径越大，所需排量越大。要求冲洗液的上返速度能够把钻头切削下来的岩屑、岩粉及时冲离孔底，并可靠地携带到地表。地质岩心钻探时，一般上返速度在 0.4～1.0 m/min 左右。泵的压力大小取决于钻孔的深浅，冲洗液所经过的通道的阻力以及所输送冲洗液的性质等。钻孔越深，管路阻力越大，需要的压力越高。

随着钻孔直径、深度的变化，要求泵的排量也能随时加以调节。在泵的机构中设有变速箱或以液压马达调节其速度，以达到改变排量的目的。为了准确掌握泵的压力和排量的变化，泥浆泵上要安装流量计和压力表，随时使钻探人员了解泵的运转情况，同时通过压力变化判别孔内状况是否正常以预防发生孔内事故。

泥浆泵的驱动方式也与钻机一样，分为电传动、静液传动和机械传动型三种。由于机械传动型在海上不便于紧凑布置、不便于集中控制、井场噪声大、温度高而被淘汰，绝大部分采用电传动。

泥浆泵的特点：

(1) 可输送高浓度高黏度<10 000 Pa·s 及含有颗粒的悬浮浆液。

(2) 输送液流稳定、无过流、脉动及搅拌、剪切浆液现象。

(3) 排出压力与转速无关，低流量也可保持高的排出压力。

(4) 流量与转速成正比，通过变速机构或调速电机可实现流量调节。

(5) 自吸能力强，不用装底阀可直接抽吸液体。

（6）泵可逆转，液体流向由泵的旋转方向来改变，适用于管道需反正向冲洗的场合。

（7）运转平稳、振动、噪声小。

（8）结构简单、拆装维修方便。

3.4　海洋石油钻机配套系统设备

3.4.1　管子处理装置与自动排管系统

1. 管子处理装置

其作用是上卸钻具扣、防喷控制、移动钻柱。如图 3-15 所示，其结构组成由旋转头、倾斜机构、内防喷器（IBOP）、背钳、导入环、吊卡等组成。特点为扭矩钳在液压作用下，在任何时候、任何位置完成上卸扣作业。内防喷器控制阀在停泵情况下，可操作机械臂任意开关，这既可节约钻井液又可实施井控。

顶驱液压系统，它完全安装与顶驱之上，其作用主要在卸扣时提供缓冲距离，防止卸扣时损坏接头螺纹。

2. 自动排管系统

自动排管系统主要用于实现在井口与井架排放架之间往返自动移送钻杆立根操作，钻杆存放区域和井架排放架之间

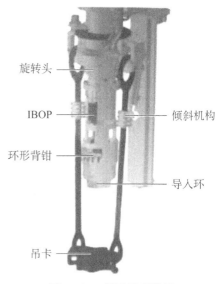

旋转头

IBOP　　　倾斜机构

环形背钳

导入环

吊卡

图 3-15　管子处理装置

的移动。在钻井的同时把下一步需要用到的钻杆以 3—4 节为一组预连接好并存放在井架的存储区域，大大节省了在海上的操作时间。主要由机械手臂，排管机，鼠洞，铁钻工，指梁等配合完成，指梁可以调节以满足不同直径管柱的要求。

1）管件甲板搬运机（pipe deck pipe handler）

如图 3-16 所示，管件甲板搬运机（PDPH）位于管件甲板上，其主要目的是把钻杆从管件甲板安全地运送到猫道机或者反向运送。为了简便地操作，该搬运机既可在司钻控制室遥控也可由起重机操纵室来控制。管件甲板搬运

机的旋转部分的液压动力来自安装在回旋部分的动力设备。动臂缸和齿轮是通过控制面板操作完成。当管件甲板搬运机不使用时,应该有一个支架供其停放。

图 3-16　管件甲板搬运机

2) 猫道机(catwalk)

当管件甲板搬运机将不同尺寸的钻杆放在猫道机上后,猫道机在堆管场和钻台、V 门之间运送管子,可以被遥控操作的管子直径从 27/8″到 30″不等。

猫道机由轨道组件、滑道、行车、带有安全臂的管提升器等组成,如图 3-17所示。

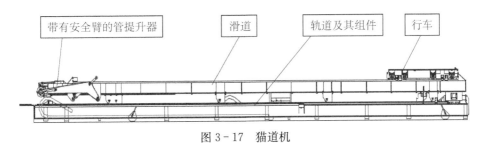

| 带有安全臂的管提升器 | 滑道 | 轨道及其组件 | 行车 |

图 3-17　猫道机

轨道组件成水平安装在管甲板上和钻台相连接。轨道组件的上端面应该与钻台面同高。

　　滑道是在轨道组件的停止位置和中心之间的轨道区间运行。滑道是一个 V 形的钢框架,它是由齿轮齿条驱动系统。

　　行车是在滑道上面运行的。为了和滑道相匹配,行车同样也是 V 形结构。为了保护钻杆的螺纹,行车上面覆盖着塑料橡胶。

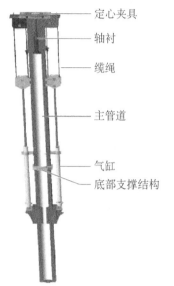

　　定心夹具
　　轴衬
　　缆绳
　　主管道
　　气缸
　　底部支撑结构

图 3-18　老鼠洞组成

　　3) 老鼠洞(mousehole)

　　老鼠洞安装在钻台上,通过钻台上的水密法兰支承,一般还需固定在底甲板上。老鼠洞是液压驱动的,通过在司钻控制室的座椅控制系统操作。

　　老鼠洞原则上是由一根长管组成的主管和一个"Rabbit"组成。主管固定到钻台和甲板上。Rabbit 是运行在主管道中的。

　　如图 3-18 所示,老鼠洞包括以下几个主要部件:

　　(1) 带有滑轮和气缸的主管道。

　　(2) 可拆卸的扶正器。

　　(3) 带有 rabbit 的减震器。

　　(4) 电气接口和液压接口。

　　主管道是老鼠洞的主要部分。它通过顶板和下甲板连接到钻台。顶板连接到钻台上升高的水密法兰。主管道也是两个升降油缸固定的基础。气缸是通过两套在主管道上的固定点和气缸相连的滑轮的钢丝绳来提升 rabbit。扶正器放置在主管道顶板上。它通过两个液压缸驱动。

3.4.2　其他钻井配套相关设备

　　1. 万向升降篮(access basket)

　　它的作用是在维护和操作时可以安全、可靠地达到那些难以达到地方。该篮很容易装在钻台上,月池附近或其他地方。

　　万向升降篮主要由基座、带液压马达的旋转支架、伸缩气缸、倾斜油缸、伸缩臂、篮子、篮子倾斜油缸、篮控制面板、远程控制站(见图 3-20)、控制阀块等组成,如图 3-19 所示。

　　2. 泥浆防喷盒(mud bucket)

　　泥浆防喷盒由不锈钢泥浆桶、泄放软管、伸缩臂和基座和导向杆组成(见图 3-21)。泥浆桶可以通过更换里面的密封圈来适应不同的钻杆。

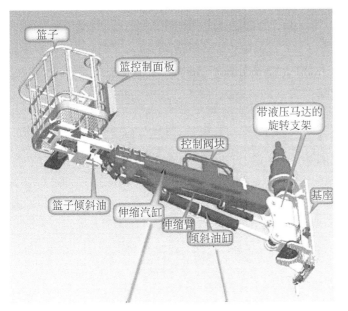

图 3 - 19　万向升降篮组成

图 3 - 20　远程控制站

图 3 - 21　泥浆防喷盒

　　泥浆桶用于安全平稳地将钻井泥浆输送泥浆罐中。借助于两个液压缸把它拉开在钻具上栓销,接着将泥浆排入排放软管,经过弯头进入泥浆罐,伸长臂悬挂起泥浆桶放在基座上,由底座和上面的导向柱组成,基台是靠螺栓与基台底板固定在一起的。伸长臂借助油缸能伸能缩将泥浆桶放到井中心和停放位置。

3. 铁钻工(iron roughneck)

铁钻工是先进的钻杆/钻具上扣/卸扣工具(见图 3-22)。铁钻工由主钳,背钳及旋扣器组成的,它能够上扣/卸扣的管串直径范围是 2-7/8″至 10″,一般也可以处理直径到 22″的套管。主要是液压驱动的,可以从司钻房集中控制,也可以通过无线电控制板远程控制。

图 3-22　铁钻工

一般在钻机上,会有 2 台铁钻工,一台在井中心,一台在 mousehole(俗称老鼠洞)旁边。用来将 3～4 根钻杆连接成一根立柱,以减少在钻井过程中上卸钻杆的次数和提高起下钻的效率。

图 3-23　液压猫头

4. 液压猫头(hydraulic cathead)

液压猫头是一种用来给钻铤和钻杆上扣和卸扣的工具。它安装在钻台上,靠螺栓与台面连接固定。也可以提供带气动或电动的猫头。或者带有一体化大钳柱和背用柱。

图 3-23 为液压猫头,顶部的轮子下面有个液压泵,旁边的轮子可以像合页一样转动,用来调整拉拽的角度。钢丝的一端绕过旁边的轮子和顶部的轮子,固定在另一端(和旁边轮子对过的一边),使用的时候顶部的轮子在液压泵的推动下向上移动,钢丝的拉拽距离是上面轮子移动距离的两倍。这种形式的液压猫头目前广泛应用在平台和钻井船上。

5. 排管机(vertical pipe handling)

排管机用于安全地移送单根长 60 ft 或 90 ft 长的立柱。如图 3-24 所示,排管机在立柱盒和井位中心及猫道机之间往返作业,由一个导向臂和一个起重臂组成,其组合形成了一个格构柱,导向臂能够在同步模式或独立模式下操作,格构柱上附着的底部小车和上部小车可以在轨道上进行上下移动,同时还可做 0°~270°的旋转。

起重臂有很大的起重范围,特别是带有一体化对扣功能的抓爪使该机具有一体化的 HTV(水平到垂直)功能。这个独特的抓爪设有三个旋转轴,并能在任何角度抓住管件。

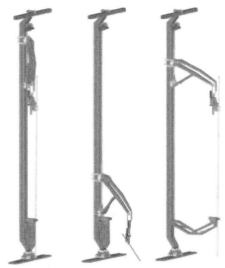

VPH-模式;　*VPH*-模式;　*VPH*-模式;
收缩状态　　提升状态　　伸出状态

图 3-24　排管机(从左到右依次为,收缩状态、提升状态、伸出状态)

不用人工干涉,该设备可以从水平到垂直模式转换到垂直到水平模式。在钻进作业时,该机能握住立柱在一旁待命,或者在钻台区域安排放置其他杂项设备。由于起重臂的简单几何形状,它可以由单人控制,既可手动又可依靠控制系统进行自动操作。该机适用于直角坐标以及平行的排管布置。

6. 钻台操纵臂(drill floor manipulator arm,DFMA)

钻台操纵臂(DFMA)用于传导或传送包括隔水管在内的各种尺寸的管件,该装置可以挂装在顶驱导轨下面,或者以机座的形式安装在钻台上(见图 3-25)。

图 3-25　钻台操纵臂

钻台操纵臂的控制方式可以选择用液压、电动或无线电遥控。

7. 指梁(finger board)

配有气动锁指的 DP/DC 指梁能把管件安全地锁在井架上,它既可气动又可电动遥控操作,锁指靠螺栓组装起来,靠上部的主控气缸操纵锁指,使管子在指梁范围安全存放。

如图 3-26 所示,指梁主要由带锁指的主框架、气动锁指、阀块组成。主架由带有特殊扶墙材的锁指矩形盒组成,安装在井架结构上面。锁指是气动的,通过弹簧进行复位开关。当钻杆移进或者移出的时候,两个锁指可以当一个闸门。

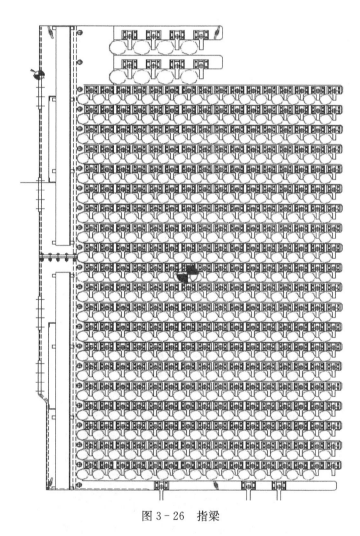

图 3-26 指梁

3.4.3　井控系统及水下设备

对于钻井船来讲井控系统关系到整个船舶以及人员的安全,了解井控系统以及水下设备有利于我们更好地了解整个泥浆的循环过程。对整个泥浆系统有一个全面清晰的了解。下面我们就由上而下对整个水下系统做一个简要的介绍。

井控系统以及水下设备主要由两大部分组成:

(1) 隔水套管张紧系统(riser tension system)。

(2) 井口控制系统(BOP control system)。

1. 隔水套管张紧系统

在浮式钻井平台中,由于海况的变化,会导致平台产生摇摆和上下起伏的运动。而隔水套管需要在一个相对静止的状态下工作,否则无法建立从水面到海床的封闭空间。隔水套管张紧系统就是用来解决这个问题的。通常一个平台上装有 4~6 个张紧系统。整个系统包括多个气缸活塞组,蓄能瓶,张紧系统连接环,以及控制系统等。最上面的 2~3 节隔水套管是滑动连接的。从而保证了它有伸缩的空间。当平台有起伏运动时,由于空气的可压缩性,隔水套管系统可以补偿这部分位移。当然,这个位移是有限度的,它取决于气缸活塞组的冲程。否则的话,也会危及钻井操作。

1) 隔水套管

隔水套管一般分为两类,一类称为 Tie-back riser,可以看作是一个普通的大口径高压管,也可以看作是套管的延伸,从井口一直延伸到水上 BOP,一般用于潜水固定式平台,如张力腿平台,同时与水上 BOP 一起使用。(这里不做深入研究)

另外一类称为 Marine Riser,主要是用来连接水下井口设备和水上的钻井设备,一般用于浮动式钻井平台。它由一个大口径的低压管,以及在周围的钻井辅助管组成,包括节流管,压井管,BOP 控制管和增压管。隔水套管的设计和操作是非常复杂的,需要有很高的可靠性,因此,隔水管的工程计算分析是不可或缺的。图 3-27 为用于近海面处带有浮体的 Marine Riser;图 3-28 为用于深海井口处未带浮体的 Marine Riser。

图 3-27　带有浮体的 Marine Riser(用于近海面处)

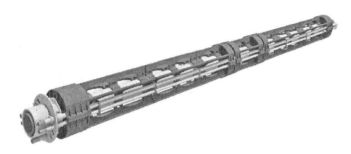

图 3 - 28 未带浮体的 Marine Riser(用于井口深海处)

（1）隔水套管的用途：

① 隔开海水，提供井口与钻井船之间的液体传输的通道。

② 支撑节流、压井及辅助管线。

③ 把工具导向井内。

④ 作为 BOP 组的送入和回收管体。

（2）Tie-back riser 特点：

① 工况多变。

② 操作频繁。

③ 水深对钻井隔水管的作用效率与安全有重要的影响。

④ 其安全性与钻井过程及钻井参数密切相关。

（3）Marine Riser 特点：

① 结构更为复杂。

② 隔水管设计时所考虑的主要因素不同。

③ 受力状态更加恶劣和复杂，动态响应更为明显，动态分析时与浅水也有很大的不同。

④ 操作时间长，导致非钻井时间变长，容易出现操作不当导致结构损伤。

2）隔水套管张紧器(riser tension)

隔水管张紧器为隔水管提供了一个向上的恒力，使隔水管的运动独立于在浮动的钻井平台。由于隔水管最终是连接到海底的井口的，因此张紧器必须要控制隔水管与平台之间的位移，当钻井平台向下移动时，如果没有张紧器来调节，那么隔水管将会被压弯，如果向上移动则被拉断。

隔水套管张紧器主要有两种形式：

① 绳索式张紧器，如图 3 - 29 所示。

② 气缸式张紧器，如图 3 - 30 所示。

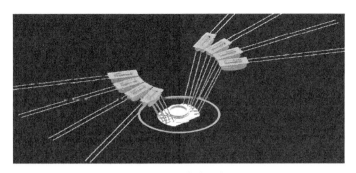

图 3 - 29 绳索式张紧器

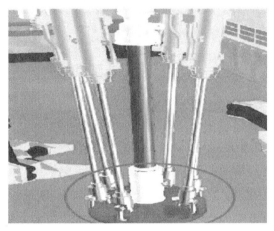

图 3 - 30 气缸式张紧器

3）卡盘以及隔水管万向节

隔水管液压上紧装置放在转盘上，当提起隔水管和连接隔水时，将隔水管柱和 BOP 组件坐在盘上，卡盘内径和转盘内径相同。其主要作用在于夹紧水管，便于快速连接和拆卸隔水管接头。

隔水管万向节放在转盘和卡盘之间，如图 3 - 31 所示，能够支持卡盘、整个隔水管柱和 BOP 组件的重量，其作用类似于伸缩接头，可以补充由于海流产生的隔水管偏移，便于隔水管连接（图 3 - 31 上面部分为卡盘，下面部分为万向节）。

4）分流器（diverter）

回流的泥浆从井底返回后到达

图 3 - 31 卡盘以及隔水管万向节

图 3-32 分流器

的第一站是分流器,分流器是泥浆回流的通道(见图 3-32)。当穿过 30″套管进行井口钻井时,此阶段尚未安装防喷器(BOP),因为一般情况下 30″的套管还缺少关井所需的足够的压力完善性。此时当大量天然气涌入套管或隔水管时(发生井喷),操作人员会打开两个排向舷外的管子上的液压遥控阀门。使井喷转向平台或钻井船的两边水平喷出,从而保护平台及人员的安全。

分流器可以看成一个简单的环形防喷器,当压力相对较低的浅层油气沿泥浆通道经过分流器时,分流器通过两条通径达 18″的管,把含气泥浆排放到平台两侧舷外,避免倾覆。同时分流器也是返回泥浆的通道,通过这里泥浆返回到 shake house 或者 gumbo box。

管路通过球阀再连接在分流器上面。返回泥浆管线应不小于 5°的倾斜度布置,以避免切屑驻留在阀体内。每个球阀的开关均由液压控制,通常和 BOP 用同一个控制系统。统称为 DIVERTER & BOP CONTROL SYSTEM。液压控制管路的压力在 1 500 lb 左右[1 磅(lb)=0.453 592 4 千克(kg),后面将会做详细介绍其功能]。

5) 挠性接头(flexible joint)

挠性和球形接头用于使平台与隔水管,隔水管与隔水管,以及隔水管与 BOP 之间产生角位移,增加整个隔水管系统的柔性,从而减小隔水管上的挠距。挠性接头(见图 3-33)的旋转刚度使之在控制隔水管角度时比球形接头更有效。通常,一个挠性接头的旋转刚度属于角度非线性功能,每旋转一度,刚度变化 10 000~30 000 ft/lb。旋转刚度还可能随温度变化。

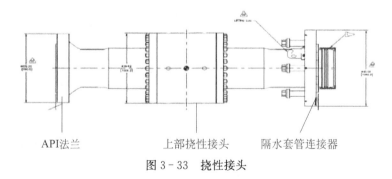

API法兰   上部挠性接头 隔水套管连接器

图 3-33 挠性接头

6）伸缩节（telescopic joint）

伸缩接头的基本功能是补偿船舶与隔水管之间的相对竖直移动。

如图 3-34 所示，伸缩节主要是由内筒，外筒以及张力环组成。内筒与船舶相连；外筒与整个隔水套管相连；张力环固定于外筒的外径与张紧器相连。其中内筒与外筒的相对移动可以补偿船舶与隔水管之间的竖直移动；张力环将张紧系统的恒定力传递到外筒以及整个隔水套管系统以保证隔水套管可以在一个相对稳定的环境中工作。

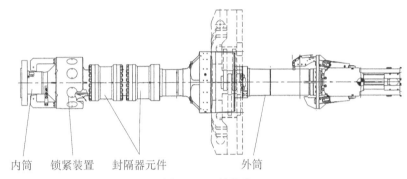

　　内筒　　锁紧装置　　封隔器元件　　　　　外筒

图 3-34　伸缩节

7）套管填充阀（riser fill-up valve）

当底部的隔水套管有意或者无意的被脱开之后，泥浆不能循环，海水的压力将会把隔水套管给压扁或者压塌。套管填充阀（见图 3-35）的功能就是避免这种情况下隔水套管的坍塌，将填充阀打开，海水则会通过此阀进入套管系统以补偿隔水管内外压差。

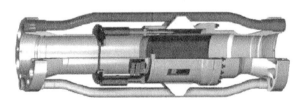

图 3-35　套管填充阀

8）泥浆末端补充短节（booster termination spool）

末端补充短节安装在底部挠性接头上面的套管上（见图 3-36），泥浆泵通过补充短节将泥浆打入到泥浆回流通道，即套管与钻杆组成的环形空间，以增加整个泥浆循环系统的循环能力，主要应用于超深水作业当中。

图 3-36　泥浆末端补充短节

2. 井口控制系统

井控系统是钻井平台上最重要的系统之一,它是由防喷器的一系列设备组成的一套安全系统,其主要目的是为了能防止在井下发生异动出现危险状况时,能以最快的速度关闭井口,防止灾难的发生,如井喷。

井控系统主要作用于发生井涌或者井喷的时刻,在研究井控系统前我们要先了解何为井涌,什么又是井喷。井涌(kick)即足量的地表流体突然进入井口需要关井。井喷(blowout)是指不可控的井涌状态。

1) 油气分离器(mud gas separator,MGS)

通常它是和节流压井管汇同时使用的。一般当防喷器关闭的时候开始启用,防喷器关闭后要进行节流,即通过 chock line 节流,排放泥浆。防喷器之所以关闭,是因为发生井涌了,说明已经钻到含气层或含油层,此时会有气体和石油伴随泥浆出来,这时就需要经过油气分离器来把气体分出来。高速流动的泥浆通过油气分离器中的挡板,把泥浆和油气被分离出来,以不同的方向排出,泥浆经过分流器流经油气分离器再流到节流压井管汇前有一个 U 型管,防止气体逃逸(泥浆中过多的油气会导致泥浆的喷发,特别是当里面还有硫化氢的时候是很危险的),分出的气体经管路通往燃烧臂点燃,因此,透气管需要足够的大,使气体能在较小的背压下燃烧,高度足够高以保证安全,这就是为什么我们会从电视或图片上看到平台上有个"火把"。图 3-37 为 MGS 外观图;MGS 的工作原理如图 3-38 所示。

2) 截流压井管汇(choke and kill manifold)

钻井过程中往往会遇到海底浅层油气,大量的高压的油气会进入回流泥浆,造成井喷。如果井口破坏,大量油气在平台下部积聚,海水浮力减小,甚至造成整个浮式平台的倾覆。为控制井喷的发生,在 BOP(blow out preventer)上接有截流压井管汇。一旦 BOP 关闭时,泥浆就从截流压井管汇,在很高的背压下,缓慢流回地表。截流压井管汇和 BOP 一样,基本结构是一个高压阀组,如图 3-39 所示。它们的设计压力为 15 000 psi(英制压力单位,1 psi=6 894.76 Pa)。

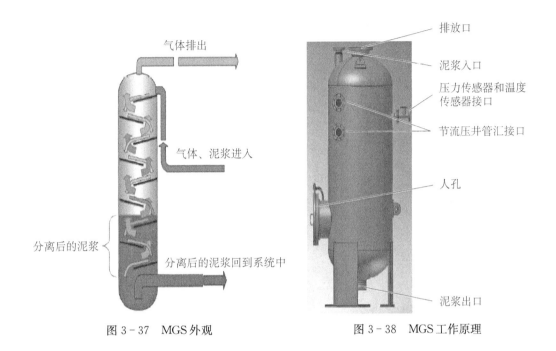

图 3-37　MGS 外观　　　　　　图 3-38　MGS 工作原理

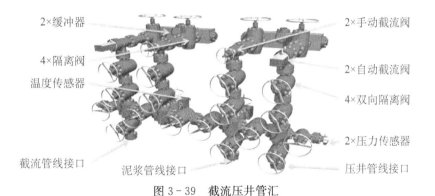

图 3-39　截流压井管汇

　　一般截流压井管汇有 4 个截流阀以及一系列的手动闸阀组成,其通过调节截流阀的开度来控制井喷时的流量。正常操作过程中所有的闸阀都是全开或者全关,以匹配管子的尺寸。其中截流阀一般是有 2 个手动阀以及 2 个遥控阀组成,在遥控阀失去电力时候,设有可操作的手柄来控制遥控阀的开启与闭合,是通过一个手摇泵来进行操作的。手动截流阀和遥控截流阀的构造如图 3-40所示。

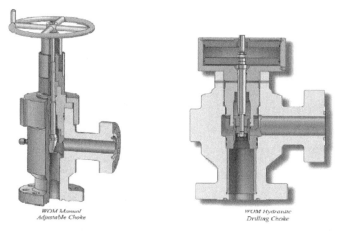

图 3-40 手动截流阀/遥控截流阀

3) 分流器(diverter)

分流器是由分流器腔(diverter housing)以及(分流器附件)diverter assembly 两部分组成(见图 3-41)。其中 diverter housing 是长期焊接或者螺栓固定在转盘下面,其中 housing 四周有 4 路管线分别为回流管路(flow line),补偿管路(trip line)以及两路排舷外管路(two overboard line)。

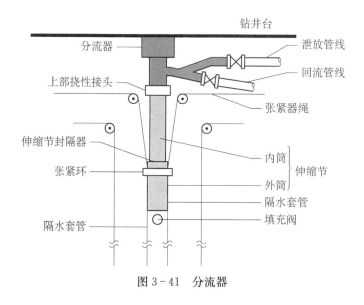

图 3-41 分流器

分流器不能作为封井的工具,其没有封井功能,分流器的主要功能如下:

(1) 为泥浆的回流提供通道。

(2) 安装 BOP 之前发生井涌时,为泥浆排舷外提供通道。

（3）增加或者减少钻杆时在泥浆回流中排除或者注入泥浆以保证套管中泥浆的总重平衡。

4）防喷器（blow out preventer，BOP）

防喷器一般由闸板防喷器，环形防喷器（annular ram）组成，通常闸板防喷器有管子闸板、盲板闸板、切断闸板防喷器（shearing ram）和全封闸板防喷器（blind ram）等。各个防喷器就是一个个闸阀，当然环形防喷器例外。它们的开关由液压管线控制（bop control line）。在深海钻井中，防喷器和井口盘由液压连接器联结起来，坐在海床上面。在 BOP 的上面通过液压连接器和隔水套管（riser）相连。在防喷器的下部，连接有截流和压井管汇。

（1）环形防喷器（annular BOP）。环形防喷器是由其封井元件胶芯呈环状而得名（见图 3-43）；封井时环形胶芯被迫向井眼中心汇聚，环抱钻具封井。环形防喷器常与闸板防喷器配套使用，放置于闸板防喷器的上面使用，可以抱死多种尺寸的钻杆。图 3-42 为环形防喷器剖视图。

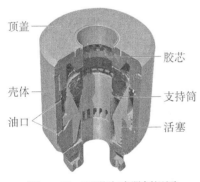

图 3-42　环形防喷器剖视图

图 3-43　环形防喷器胶芯

环形防喷器的工作原理：关井时，高压的动力液进入到防喷器的关闭腔，液压力推动活塞向上运动，迫使密封胶芯封着管子外围；当高压动力液进入到打开腔时，液压力推动活塞向下运动，让密封胶芯回到原位置，防喷器就被开启。

环形防喷器的工作特点：

① 能够在不同尺寸的钻柱的任何部件上关闭。

② 能够关闭空井。

③ 能够关闭试抽油泵，测井或射孔的电缆及各种工具。

④ 在使用减压调节阀或缓冲储能器控制下，能够上下活动钻具或强行起下钻柱，但不能旋转钻具。

(2) 闸板防喷器(ram BOP)。闸板防喷器是最早用于石油钻井的防喷器，是井控装置的关键设备。早期使用手动控制，费时费力、故障多，现代石油钻井采用液压闸板防喷器，能够实现在 3—8 s 内迅速关井，操作和维修都很方便。

闸板防喷器一般可分为管子闸板、盲板闸板、切断闸板、可变闸板以及测试闸板(见图3-44)。管子闸板防喷器(Pipe Ram BOP)是指闸板的中间是和钻杆、套管等外径一致的内腔，当需要封井的时候，管子闸板会抱死其相对应尺寸的钻杆，以达到封井的目的。

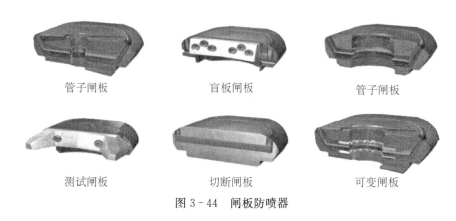

管子闸板　　　　　　盲板闸板　　　　　　管子闸板

测试闸板　　　　　　切断闸板　　　　　　可变闸板

图3-44　闸板防喷器

盲板闸板防喷器(bind ram BOP)是指有橡胶密封的闸板，中间无内腔。可以密封空井，即套管内无钻杆的情况下使用。

切断闸板防喷器(shear ram BOP)是指在闸板的半圆处有锋利的刀片用以切断钻杆或者套管以实现封井的功能。其密封形式与盲板闸板相似。

可变闸板防喷器(VRB/Variable Ram BOP)是指与管子闸板相似，但是其内腔可以变化以便于与一定尺寸范围内的钻杆配合来完成封井。

测试闸板(test ram BOP)放在 BOP 最下层的腔室内，用以测试其上面腔室的许用压力。

闸板防喷器的工作原理：当发生井喷或者井涌时，高压动力液进入左右的液缸关闭腔，推动活塞带动着闸板轴及闸板总成沿闸板室内导向筋限定的轨道分别向井口中心移动，实现封井。同理要实现防喷器的开启，需要将高压动力液引入左右液缸开启腔。

防喷器的壳体是通用的(见图3-45)，目前液压控制的闸板防喷器是国内外广泛采用的，其优点是：开关动作迅速，操作轻便省力，使用安全可靠，维修保养容易。

图 3 - 45　防喷器壳体

（3）防喷器组（BOP stack）。将环形防喷器以及各种闸板防喷器按照一定的要求组装成一个符合规范、用途的整体结构就称为防喷器组。

防喷器组的主要功能有：

① 封闭井口。

② 往井口注入重泥浆时，为泥浆提供通路。

③ 控制和检测井口压力。

④ 对中和悬挂钻杆。

前面也已经介绍，现在正在服役的钻井平台是多种多样的，为了更好地适应于各种平台，防喷器组也按照不同的要求组装成了不同的结构。按照 BOP 工作位置以及结构来分大致就有两种：水上防喷器组以及水下防喷器组。

下面简单介绍一下这两种 BOP 的结构特点，首先在感观上认识一下这两种防喷器组。

水上防喷器组主要适用于浅海钻井如图 3 - 46 所示，如自升式钻井平台。其特点主要是体积小，重量轻，操作维修方便。水上防喷器的控制系统以及动力系统都安装在平台上面，故其结构体积较小。

水下防喷器组主要适用于深海钻井（见图 3 - 47），如半潜式钻井平台、钻井船等。其特点是高度大,在防喷器组框架内有部分控制系统。其结构如图3-48所示。

图3-46 水上防喷器组(Surface BOP)

图3-47 水下防喷器组(Subsea BOP)

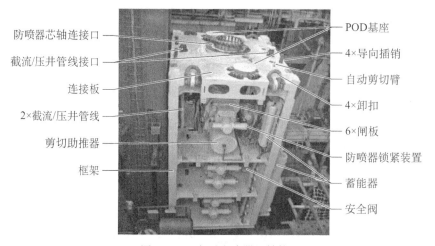

图3-48 水下防喷器组结构

（4）隔水套管总成(lower marine riser package，LMRP)。简单的理解隔水套管总成可以将其看为一个转换接头，连接水下隔水管以及防喷器组的结构。与防喷器(blow out preventer)同时使用,叠加在防喷器的上面。它的作用是链接防喷器和隔水管,因为防喷器与隔水管没有固定接口,因为防喷器是可以根据需要进行几个防喷器叠加使用的,有了固定接口就不能叠加了。同时它也提供了隔水管与 BOP 的应急切断功能和链接 BOP 控制管路的功能。另外就是提供与 hydraulic line(两根)、kill and choke line 和 booster line 等管线的接口,再接下来就是软管,在软管的两端直接是万向接头。这些管线就是小管子,用来控制防喷器和截流压井用的(见图 3 - 49)。

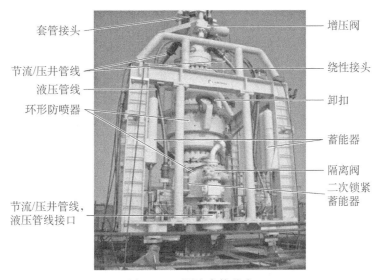

套管接头　　　　　　　　　　　　　　　　　　　　　　增压阀
节流/压井管线　　　　　　　　　　　　　　　　　　　　绕性接头
液压管线　　　　　　　　　　　　　　　　　　　　　　　卸扣
环形防喷器　　　　　　　　　　　　　　　　　　　　　　蓄能器
　　　　　　　　　　　　　　　　　　　　　　　　　　　隔离阀
　　　　　　　　　　　　　　　　　　　　　　　　　　　二次锁紧
节流/压井管线,　　　　　　　　　　　　　　　　　　　蓄能器
液压管线接口

图 3 - 49　隔水套管总成

隔水管总成主要有以下部分组成:

- 隔水管适配器。
- 单挠性接头。
- 环形 BOP。
- 液压连接器。
- 挠性截流与压井管线。
- 挠性截流与压井管线短接头。

(5) 水下控制系统(mux control pod/subsea control module)。水下控制系统为 LMRP、BOP 以及平台上控制系统提供一个交流的中转站或者平台。其设计是采用冗余设计,用蓝色(blue pod)和黄色(yellow pod)加以区分。其中还有一个声控的备用控制系统。

水下控制系统的工作原理如图 3 - 50 所示。

(6) 液压连接接头(hydraulic connector)。液压连接接头用以连接隔水管总成与防喷器组以及井口与防喷器组,是由液压控制的自动连接装置。其工作原理与环形防喷器相似,环形防喷器是由上下运动的活塞挤压胶芯而抱紧钻杆,液压连接接头是由上下运动的活塞挤压锁定板而将相连件固定连接,如图3- 51所示。

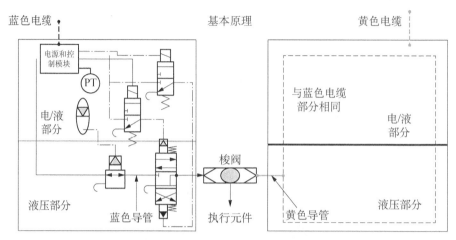

图3-50　水下控制系统

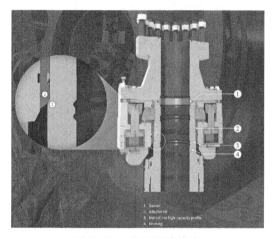

图3-51　液压连接接头

　　(7) BOP控制系统(BOP control system)。防喷器控制系统主要目的是为了控制井口的防喷器而设计的,当发现溢流时能立即实现关闭防喷器的操作,关井有硬关井和软关井两种方式,所谓硬关井是当溢流时立即关闭防喷器的操作程序。软关井是当发现溢流关井时,先打开阻流阀再关防喷器,最后关闭阻流阀(Kill Valve)的操作程序。目前海上平台作业基本上都按软关井方式制定关井程序。与地面防喷器组相比,深水防喷器组的控制系统要复杂得多,由于API标准规定水下闸板防喷器的关闭时间为45 s以内,环形防喷器60 s以内,系统响应时间会受到水深的影响,此外液压元件的防水密封,防腐蚀等问题都是与地面上情况不同的。

防喷器控制系统一般分为先导液压控制系统和电液控制系统,在深水钻井平台上的控制系统一般采用电液控制的形式,当水深超过 1 800 m 时,纯液压的信号传输方式就几乎不能满足 API 的要求,相对于流体来说,电控的两个很明显的优势就是传输距离远,响应速度快。电液控制系统根据电信号的传输方式可以划分成单路电液控制系统和多路电液控制系统。

所谓单路控制是指每一个水下电磁阀在平台控制柜上都有一个与其对应的独立的电信号传输路径。如果水下的需求功能点特别多的话,就需要有足够多的电缆来传输控制信号。功能越多,控制电缆的直径越大,缠绕电缆的滚筒的直径就会越大。

多路电液控制系统是指平台控制柜通过一根光缆或者通讯电缆来传输全部的控制信号。控制信号经过平台上的多路控制系统编码后,通过光缆或者电缆传输到水下控制箱(Control POD),水下控制箱内的电子模块将控制信号进行解码,在功能执行前要将信息重新传递校验无误后,控制相应的电磁阀执行功能。

除了电信号的传递,整个系统还需要一套水上的液压系统来执行操作,它包括:液压泵,储备压力控制液的蓄能器,液压控制阀及液压附件。BOP 控制系统的简缩图如图 3 - 52 所示。其模块功能如下:

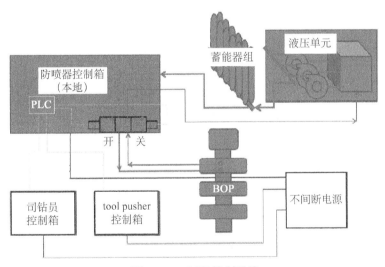

图 3 - 52　BOP 控制系统

① 液压单元(hydraulic power unit)。液压单元是为防喷器控制系统提供液压动力的源头(见图 3 - 53)。根据 API 16D 规定,液压泵组应包括至少带两

个独立动力系统的两套泵系统：主泵和辅助泵。所有泵的总输出量应在 15 min 内使整个蓄能器装置的压力从预测冲压值升至系统额定压力。当一个泵系统或一套动力系统失效时，剩余的泵系统应在 30 min 内把全部蓄能器从预定充压力充压至系统额定压力。

图 3 - 53　液压单元

　　② 水上蓄能器(surface accumulator)。为了提高动力液的供给能力，同时避免由于失电等特殊工况下水下液压系统失去液压动力，系统采用蓄能器为主要工作动力源，而液压泵用于维持系统的工作压力。在泵不工作的条件下，蓄能器中可用的液量应能打开和关闭防喷器组中的所有闸板防喷器和环形防喷器，并且工作之后蓄能器容积剩余的压力应高于计算的最小系统操作压力。

　　图 3 - 54 为水上蓄能器。

图 3 - 54　水上蓄能器

③ 水下蓄能器(subsea accumulator)。为了提高水下防喷器的响应速度,提高系统的可靠性,保证系统在失去水上动力来源的情况下能够完成预定的安全动作,水下防喷器组配置了一套蓄能器装置,正常情况下防喷器的驱动动力液有水下蓄能器供给,同时由于水下蓄能器/水上蓄能器和液压泵处于并联状态,当水下蓄能器由于做工而使得压力降低时,水上的动力液会及时补充而保证其能在较短的时间内恢复工作能力。

④ BOP 控制面板(BOP control panel)。BOP 控制面板采用人体工程学设计,更加方便人员的操作,如图 3-55 所示。

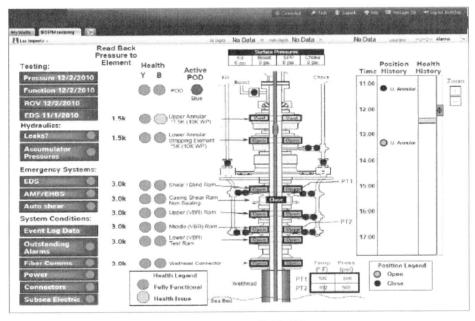

图 3-55　BOP 控制面板

3. 内部防喷器

当用管子闸板封井时,泥浆依然可以从钻杆中心的空腔返回到平台而导致人员或者财产的损失。

对于这一点也有封闭泥浆回路的设备,只不过这个设备不在我们这里讲述的两个系统中。此设备叫作内部防喷器(Inner Blow Out Preventer,IBOP),安装在顶驱底部。图 3-56 为内部防喷器组成细节。

内防喷器

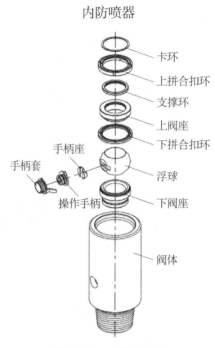

图 3-56 内部防喷器

第4章 泥浆循环系统和设备

4.1 钻井流体概念

钻井流体是指钻井工程中使用的循环流体,由于绝大多数使用的是液体,少数情况使用气体或泡沫,因此又称"钻井液"、"洗井液",俗称"钻井泥浆"。

钻井流体部分主要由盐水系统(brine system)、基油系统(base oil system)、钻井水系统(drill water system)、干粉系统(bulk mud & bulk cement system)、泥浆混合系统(mud mixing system)、泥浆输送系统(mud discharge system)、泥浆回流系统(mud return system)、泥浆补给系统(trip tank system)、固控系统(solid control system)等九个部分组成。钻井流体的主要成分有:淡水或盐水、饱和盐水等,它们用于水基钻井液;钠膨润土或钙膨润土、有机土(经表面活性剂处理的土)、抗盐土等,它是钻井流体中的胶体部分;无机或有机化合物如天然或合成高分子化合物、表面活性剂等;柴油、原油等用于油基钻井液;空气、天然气等用于气体钻井。不同成分的组合,形成各种类型的钻井流体。从物理化学观点看,钻井液是一种多相不稳定体系。包括"悬浮体"(如重晶石粉、钻屑、黏土粉)、胶体(如高聚物、膨润土粉)和真溶液(如氯化钠、碳酸钠)。其中起主要作用的是胶体成分,一般称胶态-悬浮体。

处理剂是为了改善钻井流体的性能,满足钻井工程的要求,在各类钻井流体中加入的添加剂。目前,根据处理剂所起的作用分成:碱度调节剂、杀菌剂、乳化剂、堵漏剂、加重剂、除钙剂、除泡剂、起泡剂、降黏剂、增黏剂、絮凝剂、润滑剂、防腐蚀剂、表面活性剂、页岩抑制剂、降失水剂等16类,总数大约有100~150种,研究和发展处理剂是提高钻井流体技术水平的重要内容。

钻井流体的分类:按比重可分低比重和高比重两种;按对黏土的作用可分抑制性和非抑制性两种(前者加有抑制剂,使流体具有防止钻屑水化和碎裂及稳定井壁作用);按分散体系中的连续相可分为水基(以水为连续相)、油基(以油为连续相)和气体三种。目前,根据地层的特点习惯分成:高碱性淡水泥浆、高碱性石灰泥浆、低碱性淡水泥浆、低碱性盐水泥浆、低碱性石膏泥浆、低碱性饱和盐水泥浆、低固相泥浆、油基泥浆、油包水乳化泥浆、气体等10种。

泥浆循环系统可总结分为泥浆调配系统,泥浆供给系统,泥浆处理系统。主要由泥浆泵、高压管线、水龙带、水龙头、钻柱及泥浆净化设备等组成。其流程如下:动力机驱动泥浆泵,泥浆泵从泥浆池中吸入泥浆,通过泥浆泵增压后进入高压泥浆管线、立管、水龙带、水龙头、钻柱,经钻头水眼冲向井底,然后由钻柱与井壁的环形空间返出井口,再经泥浆净化设备流回泥浆池。

4.2　泥浆循环系统结构组成

4.2.1　钻井泥浆调配系统

该系统包括:盐水系统,基油系统,钻井水系统,散装泥浆系统,散装泥浆空气系统,水泥系统。

1. 盐水系统

盐水是用来调配水基泥浆的,它们是含有 Na,Ca,Mg,Cl,Br,K 等离子的化学盐溶液。在海洋平台上会有专门用于装盐水的结构舱室一般是2个或以上。这些舱和普通的压载舱有点类似。调配泥浆的地方就是在各个泥坑(mud pit),麻袋存储间(sack storage room)。每个泥坑上装有搅拌器,防止泥浆中的固相沉淀。

盐水的作用主要是调配泥浆和完井的时候洗井,增加井壁的渗透性。首先,先介绍一些钻井液。钻井液分三种类型:气态的,水性的,非水性的。气态钻井液含有百分之七十以上的氮气,二氧化碳等气体,是可以压缩的钻井液,含有稳定的泡沫是用来减少泥浆通过细缝渗透到岩层中。水性泥浆,通常称作水基泥浆,是用海水,淡水,化学盐水调配的泥浆。非水性泥浆,通常称作油基泥浆,是用各种油比如柴油,沥青,矿物油调配的泥浆。很显然,盐水是用来调配水基泥浆的。

盐水系统的主要设备就是盐水泵(brine pump)(见图4-1)。一般来讲,平台上的盐水主要是通过注入站进入到平台的盐水舱,通过盐水泵驳运到每个需要盐水的地方。所以说盐水系统是一个服务系统。由于环境的变化,盐水舱的盐水会析出结晶,会沉淀,所以在盐水舱会安装一个搅拌器或者是舱内有安装喷嘴的进口管。另外,为了防止盐水结晶堵塞细的管路,所以盐水系统的各种仪表的管路建议选择1 in。

图 4-1 盐水泵

2. 基油系统(base oil system)

基油系统作用主要是跟盐水一样,调配泥浆,在某些岩层加快钻井速率,在钻井过程中起着非常重要的作用,并且可以冲洗泥浆处理舱。

基油系统的主要设备就是基油泵(basc oil pump)。基油系统的基本原理和盐水系统差不多。平台上的基油主要也是通过注入站进入到平台的基油舱,再通过基油泵将其运送到所有需要的地方。有的项目中会加一路备用管线,这一路管线来自于燃油系统,以备不时之需。这个系统的服务位置也是泥浆坑(mud pit),振动筛间(shaker house)和麻袋处理间(sack store room)。

基油系统作为调配泥浆的另外一种溶剂,属于油基泥浆,在钻井过程中也起着非常重要的作用,油基泥浆在某些岩层可以大大加快钻井穿透速率(ROP)。在选择基油泵时,油类的黏度比较大,一般齿轮泵比离心泵更合适,输送过程更平稳,这个得根据规格书或者船东要求,在项目之初要定下来。油基泥浆会对环境产生破坏,现在有很多国家的海域是不允许用油基泥浆作为钻井液钻井的。另外,处理后的油基泥浆的杂质是严禁随意丢弃的。需要专门存储起来,送岸处理。

3. 钻井水系统(drill water system)

钻井水系统的作用主要是跟盐水系统和基油系统一样,调配泥浆。它一般是淡水,工业淡水,并且接到各个区域的服务接口(快速接头 service outlet)。

钻井水系统的主要设备就是钻井水泵(drill water pump)(见图 4-2)。钻井水可以通过注入站或者造水机获得,也可以把平台上的其他淡水作为钻井水。比如淡水舱,饮用水舱的淡水可以通过淡水驳运泵打到钻井水舱里面。

钻井水作为服务接口使用,它服务于全船,囊括的区域很广,可以进入压载舱作为扫舱管线,可以到各层甲板的服务接口,冲洗甲板,也可以到各个房间,这就导致整船所需的钻井水量很大,所以钻井水舱的容积要远远大于盐水舱和基油舱. 钻井水的最重要的服务是调配水基泥浆,所以在每个泥浆坑上会有钻井

图 4-2　钻井水泵

水管,当然还有袋装舱,高压泥浆泵,水泥间(这个要按设备要求)。

4. 干粉系统(bulk mud & bulk cement system)

Bulk mud 不是字面上翻译的散装泥浆,其实它是重晶石,石灰等粉状物质,它们是调配泥浆中的固相物质,称为干粉系统。这些粉状物质在平台上的作用主要是作为固井用的,防止钻井过程中井口塌陷。散装泥浆压缩空气是针对粉尘状物质的存储,输送的系统。工作压力在 $4\sim6$ bar(1 bar$=10^5$ Pa)之间,一般有专门的空压机或者是平台空压机通过减压站来提供。特别提醒,其对空气的干燥度要求很高,否则容易引起粉尘结块。

干粉系统的组成:

● 散装水泥存储罐(bulk mud storage tank):圆锥形,底部锥形的压力罐,作为散装水泥的存储处。

● 缓冲罐(surge tank):作为粉尘输入到服务位置前的一个终端,起到气、粉分离,保证服务位置之前所需要的粉尘量。

● 除尘器(dust collector):气、粉分离后的压缩空气中含有粉尘。除尘器的作用就是除去气体中的粉尘,净化后的气体才能排放到大气。

与普通流体系统不同,系统的动力源不是泵,而是压缩空气。也就是说压缩空气驱动粉尘来运动。散装泥浆经注入站通过压缩空气的作用输送到存储罐、缓冲罐内(整个系统是可以相互输送的)。夹杂粉尘的空气在管路中高速流动,管路的尺寸大多数是 5 英寸,在改变方向的地方需要至少 5 倍的弯头。在管路的拐角处和隔一定长度,需要加斜接(顺着流向)的扫线管,便于管道疏通避免堵塞。

干粉系统的主要设备是 Barite/Bentonite tank 和 cement tank(统称为 P-TANK)(见图 4-3),平衡罐(surge tank)(见图 4-4),旋风除尘器(dust collector)。石灰等粉状物质从注入站(loading station)通过压缩空气驱动作用输送到 P-TANK 或者平衡罐里面,所谓的平衡罐就是个缓冲罐,是用于混合泥浆的地方,通常在平衡罐下面有一个类似喷射泵的混合器(mixing hopper)(见图 4-5),当流体通过这个混合器的时候在喉部附近形成负压,吸入粉状物质,在混合室内,混合成泥浆,排到泥浆坑。当在罐子作为接收端的时候,罐子的透气阀为完全打开的状态,这样透气管路含有大量的粉尘,所以在透气管路的末端会加一个旋风除尘器(dust collector),这样可以将透气管路的粉尘分离出来,再进入干粉系统进行循环,将滤过的空气排到大气中。图 4-6 为干粉系统管道。

图 4-3　P-Tank

图 4-4　平衡罐

图 4-5　混合器

图 4-6　干粉系统管道

5. 水泥系统

水泥在钻井平台上主要是作为固井用的,防止钻井过程中井口坍塌,类似家用的水井。和干粉系统类似,水泥系统也是由水泥存舱,缓冲舱,日用舱,粉尘收集器组成。一般水泥系统的设备由设备商直接提供,过程设计方需要和供应商进行界面的沟通和确认,也需要供应商提供必要的设计资料给设计方,共同完成水泥单元的设计、安装和调试。

4.2.2 泥浆供给系统

1. 泥浆混合系统(mud mixing system)

泥浆混合系统顾名思义就是泥浆根据需要添加不同的物质后再进行搅拌的过程。在泥浆混合系统中涉及的主要设备就是泥浆混合泵(mud mixing pump),混合漏斗(hopper)和相应的化学加药单元(caustic mixing unit)(见图4-7)。泥浆混合泵很好理解,就是将泥浆从泥浆坑抽出来再打回去的泵。中间会有泥浆成分检测系统对泥浆的成分进行检测,观察是否达到要求。通常泥浆混合系统分成高压和低压两个系统,它们之间的分割点就是高压泥浆泵。泵前属于低压,泵后属于高压。

图4-7　化学加药单元

图4-8　搅拌器

判断泥浆是否达到我们的要求就根据泥浆的密度来判定,有些高要求的平台上会在HOPPER的进出口装上压差计,这样更有利于泥浆混合,更先进一点的话会在泵的进口装上泥浆密度计,一旦泥浆混合达到要求,泵就停止。当然很多平台上没有这些仪表,就需要人工取样进行泥浆密度测试来判断泥浆混合情况。在混合的时候混合器的速度或者其他原因导致泥浆混合不太均匀,这个时候就需要搅拌器(mud agitator)进行搅拌,让混合更加均匀。另外,泥浆混合系统用于搅拌的几个重要的设备有:搅拌器(agitator),泥浆枪(mud gun),高压泥浆切割器(high pressure shear unit)。

搅拌器(agitator)(见图4-8)是靠叶轮在泥浆坑里面进行旋转,带动泥浆混合均匀。搅拌器需要根据泥浆坑的尺寸和深度确定搅拌器的电机功率,叶轮的大小,轴承的长度。

泥浆枪(mud gun)类似于管状的设备(见图4-9),它的一端接在泥浆混合泵的出口端,泥浆枪的底部安装一个喷嘴,类似于盐水舱的喷嘴,泥浆枪一般是可以360°旋转的,泥浆枪的大小以及数量取决于泥浆坑的大小。

图4-9 泥浆枪   图4-10 高压泥浆切割器

高压泥浆切割器(high pressure shear unit)一端接在高压泥浆泵的出口,通过高压切割将泥浆细化,从而使泥浆混合得更加均匀,增加黏度(见图4-10)。

从泥浆混合泵(mud mixing pump)出来的泥浆有三个特殊的去处(见图4-11):

图4-11 泥浆混合泵

(1) 进入泥浆补给罐作为泥浆补给系统的补充泥浆。

(2) 进入套管填充,在下套管的时候,打入套管内部。由于套管的浮力很大,导致下管很困难,这个时候打入泥浆保持套管内外压力平衡,保证顺利安放套管。

(3) 进入泥浆气体分离器(mud gas separator),如果打入初始泥浆是为了保持泥浆气体分离器的初始密封作用,偶然情况下,如果回路泥浆中含有大量的燃气,可能会导致气体分离器的密封能力下降,这时候打入重型泥浆,保持平衡。

总而言之,泥浆混合系统(mud mixing system)就是将泥浆混合到所需要的泥浆的过程。

2. 泥浆输送系统(mud discharge system)

泥浆输送系统就是将混合好的泥浆通过泥浆输送泵打到高压泥浆泵的入口,再通过高压泥浆泵将泥浆打入泥浆立管的过程。泥浆输送泵一般是跟高压泥浆泵匹配的,一对一的关系,高压泥浆泵的吸入口需要一定的压力,这个压力就由泥浆输送泵来实现。泥浆泵的排出压力很高,可以从泥浆泵的行程路线可以看出,高压泥浆从泥浆泵的排出口在管路中的旅行,首先到达的第一站是高压泥浆立管,依次是高压软管,顶驱,钻杆,钻铤,钻头,地质层,套管,防井喷装置,隔水套管环形空间,分流器,泥浆回流主管,再经泥浆处理装置,最后回到泥浆坑。一般的,高压泥浆管的压力可以达到 7 500 psi,以克服泥浆在旅行过程中的重力,摩擦损失以及钻头切下来的切削。

高压泥浆泵的出口,正常情况下是到立管然后进入钻杆,但是偶发情况下,如果泥浆泵出口的管路发生堵塞,这就会导致泥浆泵内部压力剧增,这时候泥浆泵的安全阀就会自动打开,泥浆就会通过此管路进入泥浆坑里。安全阀设置的压力一般是管路的设计压力。高压泥浆泵的另一出口便是接高压泥浆切割器,如果泥浆坑中的颗粒过大,搅拌得不够均匀黏稠,那么泥浆还必须经过高压泥浆切割器再进行一道处理后进入钻杆。

在一般的自升式平台中,高压泥浆泵的出口管路,还兼做冲洗桩靴的管路,这个时候压力会小很多,一般在 1 000~2 000 psi。由于本身往复泵的特性,高压泥浆泵排出口的压力都会有波动,不会那么均匀,所以一般高压泥浆泵都安装有空气缓冲室来避免输出压力的不稳定性。另外在极少数情况下高压泥浆泵罢工,无法工作的时候,通常会利用泥浆单元代替高压泥浆泵将泥浆打入钻杆。

高压泥浆泵(high pressure mud pump)(见图 4-12)是比较标志的钻井系统设备,在钻井过程中有着举足轻重的地位。高压泥浆泵用于在高压下向井底输送高黏度,相对密度大和含沙量较高的泥浆,用来冷却钻头和携带岩屑等,同时也是井底动力钻具的动力液。高压泥浆泵属于往复泵中的一种,其作用原理与一般的往复泵相同。一般配备 3~4 台。每台高压泥浆泵需要配对一个安全阀,并且设定在设计压力范围内,防止系统压力过高而产生危险。泥浆泵分单作用以及双作用两种形式,单作用式在活塞往复运动的一个循环中仅完成一次吸排泥浆动作。而双作用式每往复一次完成两次吸排泥浆动作。若按泵的缸数分类,有单缸,双缸以及三缸 3 种形式。

图 4 - 12　高压泥浆泵

泥浆泵的性能的两个主要参数为排量和压力。排量以每分钟排出若干升计算,它与钻孔直径及所要求的冲洗液自孔底上返速度有关,即孔径越大,所需排量越大。要求泥浆的上返速度能把钻头切削下来的岩屑,岩粉及时冲离孔底,并可靠地携带到地表。泵的压力大小取决于钻孔的深浅。钻孔越深,管路阻力越大,需要的压力越高。随着钻孔直径,深度的变化,要求泵的排量也能随时加以调节。在泵的机构中设变速箱或以液压马达调节其速度,以达到改变排量的目的。为了准确掌握泵的压力和排量的变化,泥浆泵上要求安装流量计和压力表,随时使钻探人员了解泵的运转情况,同时通过压力变化判别孔内状况是否正常以预防孔内事故。

高压泥浆立管管汇(mud standpipe manifold)一般放置在钻井平台上,高压泥浆从高压泥浆泵输送到管汇,通过泥浆立管输送到顶驱,送达钻杆。在管汇上面有两个压力表,用来监控两个立管内的压力如图 4 - 13 所示。

图 4 - 13　高压泥浆立管管汇

3. 泥浆回流系统(mud return system)

首先从分流器(diverter)开始,正常情况下,从钻杆回来的泥浆通过分流器的正常出口出来进入泥浆回流槽(mud return trough),再经过黏土筛(gumbo conveyor)进行回路泥浆中黏土的分离,黏土直接被排到海里,而泥浆进入分配器(divider)。这样泥浆就进入固控系统,固控系统其实就是泥浆的处理系统,它将从井底出来的泥浆进行钻屑分离后再进行回收利用。泥浆处理这一个过程会有很多设备,后面我们会有很详细的介绍。

黏土筛(gumbo conveyor)又称gumbo box(见图4-14),能从泥浆中分离出较大的黏土。它的内部主要为一个不锈钢传送带,返回的泥浆回落到传送带上,泥浆部分会从传送带上落下返回,而大块的黏土会通过传送带被直接排到海里。传送带一般由一个变速马达驱动,上面还配一个海水管能随时进行清洗。

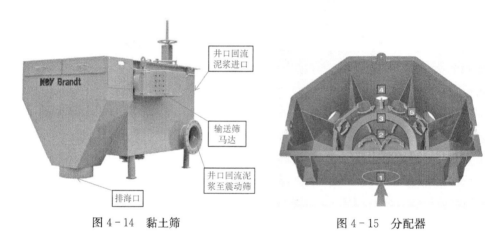

井口回流泥浆进口

输送筛马达

井口回流泥浆至震动筛

排海口

图4-14　黏土筛

图4-15　分配器

分配器(flow divider)是泥浆经gumbo box分离后必然流经的设备,泥浆通过分配器分配到各个振动筛(见图4-15)。然后直接排到泄放管达到泥浆收集柜。

4. 泥浆补给系统(trip tank system)

泥浆补给系统存在于钻井过程中钻杆进入和拔出的过程。这个系统类似于在一根装满水的试管中放入一根玻璃棒,这样试管中的水就像上行的泥浆一样,这时我们试管底部的液体压力就是试管中水柱的压力,当我们把试管中的玻璃棒慢慢拔出来的时候,水柱的高度肯定慢慢下降,试管底部的压力同时会减小,如何保持压力不变呢,只需要在拔出玻璃棒的同时往试管中加水。泥浆补给系统的主要作用就是在钻杆进入和拔出的过程中保证井口内外的压力平衡。

泥浆补给罐的目的是为了能更明显的反应井内的泥浆变化。补给罐的容积不大,约10 m³,或更小。回流的泥浆会从顶部注入,在主泥浆泵关闭时,即在补给的过程中平衡井内的泥浆,也即接受井内的泥浆或补充井内的泥浆。因为在排管的过程中主泥浆泵关闭,但是还需要井内充满泥浆,防止井壁塌陷;当泥浆溢出时需要接受并返回泥浆舱。整个补给罐的高度和分流器差不多,原因是补给罐和分流器组成类似一个连通器。从补给罐就能反应井内泥浆变化。

　　补给系统泵位于补给罐的下方,用来监控泥浆的变化,及时补充井内泥浆和排出补给罐里的泥浆(见图4-16)。补给系统泵是离心泵,排量取决于补给的速率。

图 4-16　补给系统泵

4.2.3　泥浆处理系统(固控系统)

　　石油钻井从井内返回的钻井泥浆含有大量岩屑,主要含有砂、泥和燃气等,必须在重新进入泥浆泵之前将其加以清除。因其含有砂和泥再高压高速进入井孔,将造成泥浆泵、管道和钻具的严重冲刷磨损,甚至刺漏钻具、刺穿缸套或阀座等;未经清除的岩屑进入井孔将造成地质录井的错乱并造成机械钻速的下降和埋钻、卡钻等严重孔内事故;返回的烃类燃气和硫化氢、二氧化碳等气体将会对平台防火安全和人员生命等构成威胁。因此,必须对井内返回的钻井泥浆进行固相含量的严格控制,一般控制在 $2-3\ \mu m$ 以内,对燃气等气体也需要清除。

　　固控系统(solid control system)又称泥浆处理系统(mud process system)。这个系统设计是为了清洗从井下返回的钻井泥浆,高压泥浆泵将清洁的泥浆送到位于钻井平台的高压泥浆管汇,再通过立管送达钻杆内部,泥浆通过钻杆到达钻头喷出,将井底的岩屑带回到地面上,通过振动筛将岩屑和泥浆进行分离,再进行除沙除气等,最后回到泥浆槽,使泥浆循环利用。

　　泥浆返回的主通道里很多仪表安装在上面,检测返回的流量状况等,还安装有海水冲洗管路。泥浆处理的过程中,很多地方需用到海水冲洗。处理的过程遵从一个原则,先处理大颗粒的杂质,再处理小颗粒的。

首先,一个处理设备是黏土箱,它是一个大型的筛子,很多不锈钢的圆形钢条在链条的带动下连续滚动,大块的黏土在这里被分离出来,直接掉到海里去了。其他的黏土掉不下去的,需用海水冲洗。另外,还需要用更细的筛子筛杂质。一般情况下,钻一口井需要 4~5 个筛子,数量取决于泥浆返回的量。

泥浆分配器是一个流量控制设备,其实就是一个大铁箱子,里面有隔离结构,用来避免各个筛子上分配泥浆不均匀的情况。泥浆进入了筛子,电机带动偏心轮的机械振动设备,有筛网,在振动下分离泥浆。

固控系统原理如图 4 - 17 所示。具体流程说明如下:从井口返回的泥浆→泥浆振动筛(筛除大块岩屑)→1 号泥浆池→除沙泵(从 1 号泥浆池吸入泥浆)→除沙器(清除 60~100 μm 的粗沙)→2 号泥浆池→除泥泵(从 2 号泥浆池吸入泥浆)→除泥器(清除 10~30 μm 粉沙)→3 号泥浆池→除气器(从 3 号泥浆池吸入泥浆)→4,5 号泥浆池(净化池)→泥浆泵→地面高压管线→水龙带→钻杆→钻头→井底(清洗井底,冷却钻头,携带岩屑)→钻杆与井壁环形空间→井口→循环。

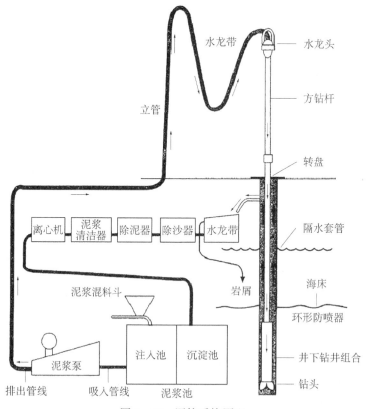

图 4 - 17　固控系统原理

振动筛(shale shaker)是由马达驱动的一个筛子(见图 4 - 18)。通常一个钻井平台上有多个振动筛,因此泥浆在流入它之前有一个分配器(flow divider),用于分配到达每个振动筛的泥浆量,振动筛主要是从泥浆中分离出体积较大的切屑,分离出来的切屑进入切割机进行处理,然后再进入切屑处理系统。分离出来的泥浆通过泥浆传送槽到达泥浆收集柜,岩屑则排到岩屑收集

图 4 - 18　振动筛

柜。如果使用的钻井泥浆是水基泥浆,那么分离出的切屑可以直接通过排土管排到海里。

　　泥浆振动筛常用防爆电机驱动或静液驱动,振动器一般采用直线运动设计,振动筛为倾斜安装、可调节冲程和振动角度,振动筛设计成为便于在数分钟内更换筛网的结构。

图 4 - 19　除气器

　　泥浆收集柜(mud return tank)一般分为四个舱室:一是除沙柜;二是除气柜;三是沉淀柜;四是泥浆回流柜。除气器(degasser)一般分为两种,最常用的为真空除气器(见图 4 - 19),主要目的是用来分离和抽走泥浆中气体的装置。真空除气器利用真空泵的抽吸作用,在真空罐内造成负压区,泥浆在大气压的作用下,通过吸入管进入转子的空心轴,再由空心轴四周

的窗口,呈喷射状甩向罐壁,由于碰撞及分离轮的作用,使钻井液分离成薄层,浸入泥浆中的气泡破碎,气体逸出,通过真空泵的抽吸及气水分离器的分离,气体由分离器的排气管排往安全地带,泥浆则由叶轮排出罐外。由于主电机先行启动,与电机相连联的叶轮呈高速旋转状态,所以泥浆只能从吸入管进入罐内,不会从排液管被吸入。

　　除沙器(desander)是一个锥形的离心机(见图 4 - 20),通过离心作用分离一

些较大的切屑来降低流体密度,它是采用了水力旋流器的原理通过一个离心泵把泥浆从泥浆坑中吸出,以切线方向高速进入除沙器,流体在里面高速旋转起来,比重大,体积大的杂质因为离心力的作用被甩到靠近壁的外部空间。沿外壁流到下面的盘中。相反的,比重小的泥浆和一部分体积很小的杂质就会集中在中间的空间,沿中间的管上升排出进一步的分离。除沙器的锥体一般为 10 in(250 mm)可以去除 50% 体积为 40~50 μm 的杂质,流量为 32 L/s。

图 4 - 20　除沙器

图 4 - 21　除泥器

　　除泥器(mud cleaner)和除沙器的基本原理一样,尺寸比除沙器更小,能分离出更小的杂质(见图 4 - 21)。除泥器的锥体一般为 4 in(100 mm)可以除去 50% 体积为 15~20 μm 的杂质,流量为 3.8 L/s。

　　当泥浆中的杂质小于 15 μm 时,旋流式的离心设备已经没有了效果,沉降式的离心设备开始工作。离心机里固相颗粒的分离是在离心场进行的(见图 4 - 22)。由于滚筒的高速旋转,钻井液的液相和固相都获得很大的离心力,液、固两相的离心力之差是作用在颗粒上的有效离心力,即离心沉降力,这个力使固,液分离。被分离的泥浆返回泥浆槽中,但有些情况当分离完后的重晶石和黏土不能回收,以控制泥浆属性。

图 4 - 22　离心机

4.3　泥浆循环系统作用和种类

4.3.1　泥浆的作用

钻井泥浆是指在钻井作业中使用的钻井混合液。不管何种钻井平台,泥浆在钻井过程中有着非常重要的作用,犹如钻井的血液。泥浆停止循环时,钻井工作就不能继续进行。

如图 4-23 所示,钻井泥浆的主要作用如下:

(1) 通过输送不同比例的泥浆来平衡井壁岩石侧压力,在井壁形成滤饼,封闭和稳定井壁,具有保护孔壁,防止对油气层的污染和坍井的作用。

(2) 清洁井底,携带岩屑,避免钻头重复切削,减少磨损,提高效率。

(3) 冷却和润滑钻头和钻杆。降低钻头温度,减少钻具磨损,提高钻具的使用寿命。

(4) 平衡(控制)底层压力,防止井喷,井漏,防止底层流体对钻井液的污染。

(5) 悬浮岩屑和加重剂,降低岩屑沉降速度,避免沉沙卡钻头。

(6) 有效传递水力功率,传递井下运动钻具所需动力和钻头水力功率。

(7) 承受钻杆和套管的部分重力,泥浆对钻具和套管的浮力可减少起下井时起升系统的载荷。

(8) 水力破碎岩石,泥浆通过喷嘴所形成的高速射流能够直接破碎和辅助破碎岩石。

(9) 泥浆还作为一种媒体,通过井下测量工具,向钻井平台传送可读的井下信息。

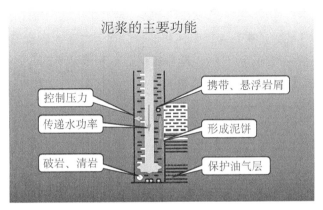

图 4-23　钻井泥浆的作用

4.3.2　泥浆的分类

按照流体介质分类：有水基泥浆，油基泥浆和气体型泥浆；按照密度大小可分为非加重泥浆和加重泥浆；按与黏土水分作用的强弱可分为非抑制性泥浆和抑制性泥浆；按其固相含量不同可分为低固相泥浆和无固相泥浆；泥浆中包含：液体（水或者油）、岩屑（页岩，石灰、硅砂及重晶石等）、黏土（土粉）及添加剂，通过泥浆混合设备，使其具有一定的黏度和切力，形成一种类似奶油的冻状流体。

泥浆中的某些成分的成本非常高，为此泥浆分离和处理设备应运而生，并不断推陈出新，使得进口返回的泥浆和岩屑等混合物中的泥浆得到尽可能的回收，或尽可能地降低钻屑中的污染物含量。

底层环境的不同，需要有不同特性的泥浆；在钻井过程中考虑在不同的底层时使用不同的泥浆，能减少漏失量，降低气侵率，减少泥浆对后续开采不利影响等效果，实现带出钻屑、提供钻压、保护钻头及井壁、维持压力平衡等多项功能。

泥浆的性能主要有以下方面的指标，包括：密度、黏度、屈服值、静切力、失水量、泥饼厚度、含砂量、酸碱度、固相、胶凝强度、结晶化、油水含量等，钻井操作方根据已取得的各项数据，通过调整这些指标，配置出适合的泥浆。

密度是单位体积泥浆的重量。提供充足的液柱压力，平衡底层流体压力，避免底层流体污染泥浆，防喷；平衡底层构造应力，有利于井口稳定；黏度是指流动时内部各层间摩擦阻力大小的特性。常用漏斗黏度计和六速旋转黏度计测定。失水量是指泥浆中的自由水在压差作用下会向具有空隙的底层渗透，造成失水。形容泥浆的好坏，现场常用气压式失水仪，泥浆失水量大，失水滤液对井壁、岩层有渗透、溶蚀等作用，易引起井壁的缩径膨胀、滑落、坍塌等事故。泥饼厚度是指泥浆中的黏土颗粒在失水过程中积累起来的滤饼、泥饼薄而致密，对钻井有利；泥饼厚而酥松会引起泥包钻头等井下事故，一般要求泥饼厚度小于1 mm。含砂量是200目筛孔的砂子重量与泥浆体积的百分比。泥浆含砂量多时，对设备、钻头、钻具、泥浆泵的磨损很大，并易造成沉积岩粉和卡钻等问题。酸碱度对泥浆的影响很大，如黏土的分散与稳定、处理剂的溶解及黏度、钻具腐蚀、钙处理泥浆的抑制。泥浆的pH值一般大于7。

第5章 油气水处理系统和设备

5.1 油气水处理系统概述

从油井开采出来的流体是一种混合物,它含有原油,天然气和水。除此之外,有些油田流体中带有少量的沙,硫化物,氮气和二氧化碳等。原油含水多了会给储运造成浪费,增加设备,多耗能;原油中的水多数含有盐类,加速了设备、容器和管线的腐蚀;在石油炼制过程中,水和原油一起被加热时,水会急速汽化膨胀,压力上升,影响炼厂正常操作和产品质量,甚至会发生爆炸。因此外输原油前,为了提高经济效益,需进行脱水,使含水量要求不超过 0.5%。

通过油气分离器和原油稳定装置把原油中的气体态轻烃组分脱离出去的工艺过程叫原油脱气。海上油田通常是通过增温降压的方法实现原油稳定的。合格原油主要标准每个国家的标准有差异,中国国家规定在净化后的原油中含水不能超过 0.5%,含盐不大于 50 mg/L,每吨原油含气不超过 1 m³。

经分离器分离出来的天然气中分出携带的少量的游离水、凝结水、凝析油,以及从气井带出的少量其他物质。因此对天然气要进行处理,通常有脱水,脱硫,脱汞等。由于井口压力的大小不同,用户的要求不同,有时天然气要通过压缩机增压达到天然气回注(气举)或外输的目的。

通常外输天然气的含水量不超过 5 lb/10^6 ft³。从分离器分离出来的生产水中夹带少量的油(一般在 0~3 000×10^{-6} V),经除油设备分离后,水含油不超过 30×10^{-6} V,有些国家要求水中含油不超过 15×10^{-6} V,而后将其进行回注或排放到海中。

5.2 油气水处理系统

5.2.1 原油汇集

为了节约投资,工艺流程的设计要求适应性强,一般在联合开发的海域只设计一套原油处理设施,将周边的油田,采油平台来液汇集后处理。管汇一般分生产管汇和试验管汇(见图5-1)。生产管汇是把所有油气井的流体汇集到一起,而后进入油气水分离系统。试验管汇的用途是将任何一口单井的流体进入试验分离器,并计量单井的油,气,水含量,而后主要物流将返回主工艺系统。井口管汇如图5-2所示。

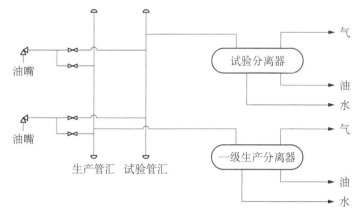

图 5-1 井口管汇流程

图 5-2 井口管汇

5.2.2 油气水分离系统

来自井口并汇集的流体进入两相或三相分离器后,在一定的压力和温度下进行分离。根据井口压力的大小和流体性质,并经过优化模拟计算来确定几级分离和每一级分离器的操作压力和温度,以及设计压力和温度等。在原油生产和处理过程中,随着压力不断降低,天然气就不断从原油中分离出来。油、气就是根据这一物性原理进行分离的。通过进行两次或多次平衡闪蒸,以达到最大限度地回收油气资源。一般来说,分高压力越高、级间压降越小,最终液体收率就越高;分高压力越低,则气体收率越高。因此,确定分离工艺的压力和级数是取得气、液最大收率的关键因素。从经济观点上看,一般认为分离级数以2~4级为宜,最多可到5级,超过5级就没有经济效益了。典型的二级分离加电脱水的工艺流程如图5-3所示。

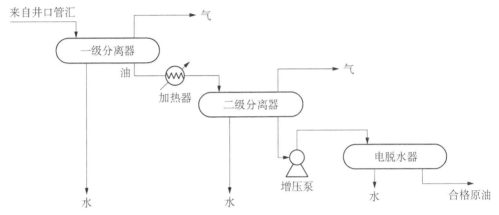

图5-3　典型的二级分离加电脱水的原油分离工艺流程

　　井口的流体性质将决定工艺分离流程,即利用两相或三相分离器。如果井口流体中只有天然气和油,可以采用两相分离,如果流体含有天然气,原油和水,就利用三相分离器。图5-4为油气水多级分离系统。

图5-4　油气水多级分离系统

5.2.3　原油脱水

油井开采出来的原油一般含水,除有地层水外,还有因采油过程中注水增补地层能量使原油含水量加大,尤其是油田开发后期,原油含水量有时高达90%以上。水在油中存在的形式除大滴的游离状态外,还有"油包水"型乳化液,即水以微小的球状悬浮在油中。乳化液的形成主要是在采油过程中,油水以很大的压力强行通过油嘴高速喷射而雾化,以及在输送过程中由于油泵及机械的强烈搅拌而形成的。原油含水的危害性很大,它不仅增加了储存、运输、炼制过程中的燃料消耗(因水随油温的升高要吸收热量)增加了储运成本,而且影响炼油厂的安全生产,增加管道与设备的腐蚀程度。因此必须对原油进行脱水处理,经脱水后的原油进行储存或外输。

1. 脱水的原理

对于游离状态的水滴靠油、水重力差,采用静置沉降就可以分离出来,而油包水乳化状态的微小水滴就不易分离出来。对于乳化状态的水,油田广泛采用化学脱水法、电脱水法和电化学联合脱水法来解决。

1) 化学脱水工作原理

油和水本来是不相容的,也就是相互不溶解的,但由于微小雾状的小颗粒外面包了一层胶质油膜,影响了水滴之间的接近,而以乳化状态稳定地存在油中。加化学处理剂的作用就是破乳,具体说就是降低水颗粒表面油膜的表面张力,而使水粒可以从油膜中释放出来。在实际工作中叫加药破乳脱水。选用适当的破乳剂可以得到很好的脱水效果。这种脱水方法流程简单,不需设置复杂设备,便于管理,但效率低。静沉降时间一般需8~12 h,仅为电脱水效率的1/4左右,还需要两个大罐,占用平台面积大,增加平台建造费用,而且脱水质量难以控制,海上油田一般不采用这种方式。

2) 电脱水工作原理

电脱水可分为高压交流电脱水和高压直流电脱水两种。在交流电场作用下,由于正负极每秒改变50次方向,使水颗粒两端的电荷不断改变,这样大大地削弱了水颗粒表面油膜的强度,使其易于接触合并成大水滴,从油中分离出来。在直流电场中,由于正负极固定不变,油中带电荷的水颗粒互相吸引,在电场中定向排列形成水涟,在移动过程中大小不同的水颗粒因速度不同而发生碰撞,聚集成更大的水滴,在重力作用下从油中沉降下来。两种电脱水方法相比较,直流电脱水效果好于交流电脱水。国外为了增加电脱水效果,现又采用双电场脱水新工艺。

常用的电脱水器有立式与卧式两种,都属于容积式脱水器。电场处理与油水沉降分离在同一容器里进行,能连续操作,生产效率高。容器上部为电场空间,下部为油水沉降分离空间。电场空间由许多层悬挂的电极组成。自下而上电极间距逐层减小,电场强度逐层增强。含水原油自中下部入口进入脱水器,在电场中自下而上流动,受电场作用水滴相继脱出。脱出的原油自脱水器上部逸出;脱出的水经容器下部沉降分离后放入污水处理系统。电脱水器一般根据脱水要求压力以及处理量进行制作,其直径大小可自行决定。根据我国油田使用实践证明,卧式电脱水器宜于制成大型的,制造工作量小,节省钢材,所以得到广泛的使用(特别是海上油田)。

3) 电化学脱水

此方法是当含水的原油在进入加热器前加入破(脱)乳剂,然后进入电脱水器脱水,可以提高脱水效果。其原理是上述两种脱水原理的综合。

2. 脱水工艺流程

油田技术设计往往根据原油的产量及原油含水量来选择脱水方式和工艺流程。

(1) 化学沉降脱水流程。这种脱水方式不受含水量多少的限制目前主要用于含水量大于 30% 以上原油的脱水处理。此方法是在含水原油中加入脱乳剂,通过脱乳剂的破乳作用使原油脱水。脱出的水经过一段时间静置沉降即可分离。为了增强脱水效果,脱水前需将原油加热至 60~70℃,所以又叫热化学沉降脱水。

(2) 电脱水流程用于含水量小于 30% 的原油。

(3) 电化学脱水流程。电化学脱水流程一般用于含水量大于 30% 的原油脱水。实际上它是上述两种流程的合成,故又称为两段脱水法。

3. 原油净化处理

原油净化处理除了原油脱水之外,还包括脱盐和除沙。

(1) 脱盐。原油中所含的盐一般是溶于水的,脱水的同时盐也脱出。含盐量高的原油,在温度压力变化的情况下可能出现盐的结晶,此时可采用热的淡水和其他化学溶液洗涤方法脱盐(包括脱硫)。

(2) 除沙。随原油从井中带出的泥沙需要清除。此时需采用加热原油降低黏度的方法,使沙在油罐或分离器中沉降下来。

5.2.4　原油稳定

为了降低油气在集输过程中的蒸发损耗,而将原油中易挥发的轻烃尽可能脱除,使原油在常温、常压下的蒸气压降低。原油是碳氢化合物组成的混合物,在常温、常压下,甲、乙、丙、丁烷是气态,这些轻烃从原油中挥发时还会带走大量的戊烷、己烷，造成原油轻质成分的损耗。油气集输过程中，为了满足工艺的要求所采取的加热、降压、储放等措施都会造成油气的损耗。据近年来统计，集输过程中油气的损耗约占总损失的 40%，而且损失的轻烃是优质民用燃料，也是石油化工重要的原料，所以原油稳定是节能和合理利用油气资源的重要措施之一。

1. 原油稳定的原理

原油稳定的工作原理是利用原油组分在同一温度、同一压力下，蒸气压大的轻组分容易挥发，蒸气压小的重组分不易挥发的物性，把原油中 $C_1 \sim C_4$ 组分分离出来。

2. 降低蒸气压的方法

常用的有闪蒸法和分馏法两种。

1) 闪蒸分离法

脱水原油在加热器中加热到 120℃ 左右进入稳定塔，塔内分离压力为 0.3 MPa。塔底出来的稳定原油温度较高，这部分热量可用来加热进料原油；塔顶脱出的闪蒸气经冷却器冷却到 40℃ 后，进入三相分离器进行气液分离，得到不凝气、粗轻质油和水。这种分离法属于一次平衡汽化过程，加工深度不高，流程简单，投资少，处理量大，我国陆上油田应用较多，海上油田多数采用加温降压的闪蒸方法，即在最后一级分离器的进口加一加热器，把轻烃挥发出去，使原油得到稳定。

2) 分馏稳定法

原油组分中轻组分蒸气压高、沸点低、易于汽化，重组分蒸气压力低、沸点高、不易汽化，利用这一特性，用分馏法将 $C_1 \sim C_4$ 组分脱出。分馏稳定法使用设备多，流程比较复杂，但它分离精度高，稳定原油质量好。在国外得到广泛的应用。

5.2.5 天然气处理

图 5-5 为一典型的天然气压缩脱水处理工艺流程。经油、气分离的天然气，在高温下仍带有未被分离的轻质油、饱和水、二氧化碳及粉尘等物质，这些物质如不处理，一则浪费，二则会造成管路系统的堵塞和腐蚀。天然气处理主要指脱水、脱硫及凝析油回收，有的天然气还要脱除二氧化碳。一般海上平台天然气处理是将由高压分离器分离出的气体和各级闪蒸出来的气体分别进入相应的气体洗涤器，以除去气体携带的液体，再进入不同压力等级的压缩机，分段加压，达到设计压力。图 5-6 为一个典型二级或三级分离的气体压缩和凝析油回收系统。由各级气体洗涤器收集的凝析油分别进入各级闪蒸罐的原油管线中。为防止管线被天然气水化物堵塞，采用甘醇-气体接触器，吸收天然气中的水分。甘醇脱水流程如图 5-7 所示；图 5-8 为一典型的甘醇脱水系统。

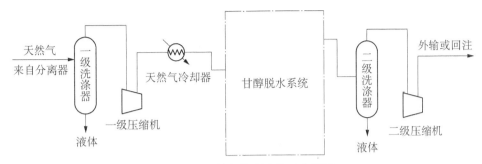

图 5-5 天然气处理系统工艺流程

图 5-6 天然气压缩系统

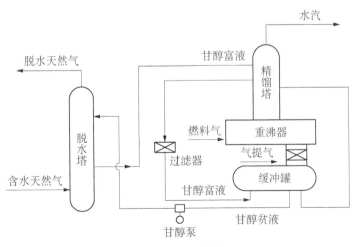

图 5-7 甘醇脱水流程

图 5-8 甘醇脱水系统

　　由于天然气处理压缩系统投资较高、重量大、占用空间面积大,有的平台由于生产的伴生气较少,往往将生产分离出来的天然气不经处理一部分作平台燃料,一部分送火炬放空烧掉。如果气量大,可管输上岸再处理。如何处理天然气要经综合评价后做出选择。经气体压缩和凝析回收后出来的气体,一般仍需进一步脱水、脱硫和凝析油回收。脱水主要采用自然冷却法、甘醇吸收法、压缩冷却法等,脱水的同时可以脱出轻质油。对含硫的天然气还需要脱硫,同时可以回收硫。

5.2.6　含油污水的处理

　　随着世界工业的迅速发展,自然环境受到污染,严重地影响了生物的生长和人类的健康。目前世界环境保护机构规定:油田所有的含油污水必须经过处理,水中含油量低于 $15\sim30$ mg/L 才能排放。故海上采油平台原油脱水出来的污水及生产中产生的含油污水,都必须经过污水处理系统进行处理。

　　1. 污水处理的方法

　　油在含油污水中存在的状态同水在油中存在的状态一样,有大颗粒悬浮游离状态和分散得很细的水包油乳化状态。目前处理含油污水的主要方法有隔油浮选法、化学破乳法与吸附分离法三种。

　　(1) 隔油浮选法是对于游离状态较大颗粒的油珠可利用油水重力差进行油浮选。油轮的压载水主要用这种方法处理。

　　(2) 化学破乳法是对乳化状态的油用化学破乳聚集,然后浮选处理。

（3）吸附分离法是主要对经过浮选、隔油处理过的污水进一步过滤吸附处理。

下面着重介绍隔油浮选法。隔油浮选法是利用油水重力差进行分离。分散在水中直径大的油粒容易上浮分离,但对于小直径的油粒就比较困难,必须进行捕集使其聚合成大直径的油粒。平行斜板隔油是捕集的主要方法之一：含油污水从进水口进入进水室,通过溢流板流经平行斜板隔油组,捕集油粒,油聚集后漂浮向上,经集油管流出,水经油泥沉淀室至出水室,流过出水堰经出水口流出。平行斜板捕集隔油的工作原理是利用油水重力差和斜板作用,油位漂浮上升的速度和油粒的直径成正比,油粒径越大它的上升速度就越快,粒径小则上升速度慢。为了缩短小油粒上升的路程,加快它的聚集速度,在含油污水往下流的途中放上一组平行斜板,板间距一般小于 10 cm。这样,小油粒上升不到 10 cm 距离就黏附在隔油板上得以聚集。当油粒聚集较大时就沿斜板往上漂浮,从而增加浮选效率。使用证明这是一种处理能力大、占地面积小、效率高的油水分离方法,所以得到广泛应用。

2. 平台污水处理系统

经油气生产分离器脱出的污水都含有原油,另外平台设备排出的污水也含油,为避免这些污水对海洋环境造成污染,平台上都设有污水处理系统。当前含油污水处理普遍采用重力沉降分离、斜板隔油、浮选、加化学剂破乳、过滤吸附等方法进行处理,视污水含油状态（游离状态还是乳化状态）而定。平台上采用综合治理方法处理效果较好。

处理后的污水可以排放入海,也可以泵入注水系统,回注到地下。渤海 BZ28-1 油田的生产储油船对含油污水净化处理时,采用隔油、浮选、沙滤 3 级处理工艺,收到很好的效果。污水在脱油舱内沉降隔油后,由污水输送泵输送到斜板隔油器,靠油水重力差和斜板的作用,使分散的油珠逐渐形成大油珠而上浮。为了加速油、水分离和油珠的聚集,可以加入少量的絮凝剂,以提高和加速油、水分离的效果。污水脱油舱隔出的污油靠撇油器收集,定期由撇油泵输送到乳化油舱。斜板隔油器浮选的污油靠位差流到乳化油舱。斜板隔油后的污水进入沙滤器,靠亲油疏水的滤料将其中的油和悬浮物进一步清除,使污水中的含油量降到 $\leqslant 30$ mg/L,以达到污水净化的目的。净化水排到净化水舱储存,以备沙滤器随时进行反冲洗作业。多余的净化水经取样化验合格后由净化水舱直接排入海。海外油田多采用高压旋流分离器和浮悬吸附过滤的方法。图 5-9 是目前国际上常用的生产污水处理流程,该流程在化学剂的辅助作用下,水含油量可达到或低于 15×10^{-6} V。

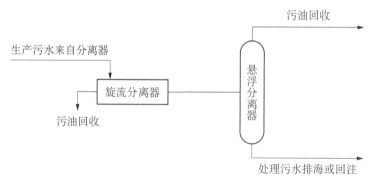

图 5-9　生产污水处理流程

5.3　主要的油气水处理系统设备

油气集输生产流程的设计及主要设备的选型,不像钻井工艺及钻机设备那样有定型生产流程及系列的钻机设备,它往往是根据油田产出物的组分、物理性质、产量及油田的开发方式、油气集输系统的选择等条件进行设计制作。如一离岸较远、含气量较高的油田,选用半海半陆式集输系统。油气长距离混输上岸,在技术上有一定难度,为此采用油、气分输上岸流程,即在海上平台进行油、气分离初处理,油、气上岸后再分别进行全面的处理;如采用全海式集输系统,油气处理及其储运设备全部放在海上,那么其具体工艺流程及设备的型号显然是与前者不同的。每个油田根据设计的生产流程、主要设备、工程结构选型及尺度,分别设计安装在模块上,一般都按生产的内容设计,大致分以下几种类型:①井口模块。上面设置井口采油树、测试分离器、管汇、换热器等。②油气处理模块。一般设置生产分离器组、电脱水器、原油稳定装置及其配套的管路、仪表、罐、换热器等。③天然气处理模块。一般设置有分离器、洗涤器、压缩机、轻质油回收装置等。④污水处理模块。有隔油浮选、沉降分离、过滤器及其加压的水泵与辅助设备等。

此外,还有发电配电模块、生活模块、注水模块等。这些模块的设计要求自成系统,同时考虑与其他系统的连接配套。部分生产模块的设备在陆上安装好可进行试车,当在平台吊装就位,连接好水、电、管路系统就可全面试运转,以减少海上工程量,便于生产管理。在设计模块时,还要考虑平台面积、施工起吊能力及生产安全要求等。

1. 油气水分离器

油气分离器是油井液分离的机械设备。要求从油气分离器分离出来的油中不含气,气中不含油。分离器一般分为两相分离和三相分离两类。三相分离器结构如图 5-10 所示;图 5-11 为典型的三相分离器。

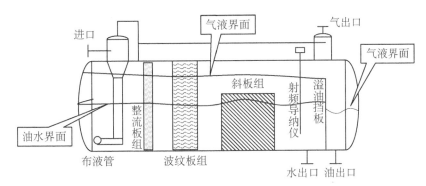

图 5-10　三相分离器结构

图 5-11　三相分离器

两相分离器是将混合物分为气体和液体;三相分离器是将含游离水的油气混合物分成油、气、水三相。按分离器外形可分为立式和卧式两种,油气在分离器中分离主要依靠重力沉降作用。油气混合物从分离器上部沿进口切向进入,并沿切线旋转。在重力作用下,使油、气分离,气向上,油向下。由于离心力的作用,油沿器壁向下流,气集中在中心向上。在分离器上部装有油滴捕集器挡板,当气体经过捕集器挡板时,可除去夹带的雾状油滴。分离出的气从上部出口流入输气管线,分离出的原油从下部出油阀流入输油管线。分离器的工作性能指标主要体现在对油、气分离的程度。如果需要油、气分离得十分彻底,可用不同压力进行多级分离。其工作原理和立式是一样的。以下对两者进行比较。

(1)立式分离器液面容易控制;沙子等杂质易清除,可处理含沙的油气;液体重新雾化可能性小;占地面积小。缺点是制作费用高,维修与撬装困难。

(2)在处理等量的原油时,卧式分离器所需要的直径小,耗钢材少,且具有可处理起泡原油、可撬装、易搬运、易维修的优点。缺点是占地面积大,清沙困难。

2. 计量分离器

因为油气是混在一起采出来的,所以要用油气水分离器将油气水分离以后再分别计量。我国油田都采用计量分离器进行计量(见图 5-12)。计量分离器和生产分离器工作原理完全一样,前者只是分离以后原油用玻璃管进行量油。除上述计量方法外,还可用涡轮流量计量油。天然气的计量一般是在计量分离器顶部出气管上设孔板流量计或波纹管压差计进行计量。生产水也可以用涡轮流量计或其他类型的流量计。

图 5-12 计量分离器

3. 换热器

为了有效进行油气水分离,混合物流要加热到一定温度。换热器有多种形式,常用的为管壳式换热器(见图 5-13),板式换热器,翅片式空气冷却器等。对于天然气的加热往往采用电加热器或介质加热器等。

图 5-13 换热器

4. 电脱水器

电脱水器(见图 5-14)是常用的油水分离设备,它的分离效果明显,可以使原油含水率小于 0.5%。它相对占用空间小,广泛用于海上油田,特别是原油密度较高,黏度较大的油田。

图 5-14 电脱水器

5. 泵

无论是原油还是生产水等流体,泵是很重要的传输设备,根据各种工艺要求,泵可以将流体输送到需要的设备中(见图 5-15)。泵的类型很多,主要有离心泵,往复泵,螺杆泵,计量泵等。

图 5-15 离心泵

6. 洗涤器

在天然气处理工艺中洗涤器是除去天然气中液体的设备,它用于天然气压缩机的进口除去液体,以确保没有液滴进入压缩机。它也用于燃料气处理流程。洗涤器通常采用立式的较多,如图 5-16 所示。

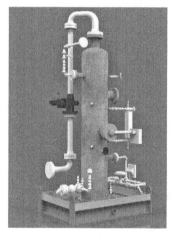

图 5-16 气体洗涤器   图 5-17 天然气压缩机

7. 天然气压缩机

天然气外输或油田回注,压缩机把低压气压缩到高压(见图 5-17)。压缩机通常有单级或多级,它是根据压力的要求来决定的。

8. 天然气脱水装置

三甘醇脱水是一个常用的方法,主要设备有三甘醇吸收塔,三甘醇再生装置,包括再生锅炉,三甘醇和水分离塔,过滤器,换热器,泵等。天然气脱水系统结构如图 5-18 所示。

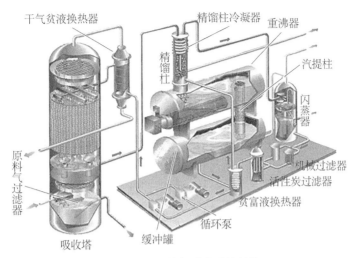

图 5-18　天然气脱水系统结构

9. 天然气计量装置

天然气外输或回注,都需要计量。而且计量要求为标准状态,就是把高温高压状态下的天然气转换为 1 大气压和 60°F(15.5℃)的状态。图 5-19 为天然气计量装置。

图 5-19　天然气计量装置

10. 高压旋流分离器

生产水中常含有微量的油,对于游离的油,高压旋流分离器具有很好的效果,它被广泛用于海上油田。但仅靠此设备是难以达到污水处理标准的,往往需要其他设备的进一步处理和在化学剂的作用下取得达标。高压旋流分离器有立

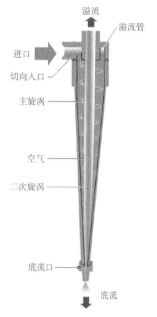

图 5 - 20　立式高压旋流分离器

图 5 - 21　卧式高压旋流分离器

式(见图 5 - 20)和卧式(见图 5 - 21)两种类型。

11. 悬浮分离器

该设备将污水中少量的油除去,在化学破乳剂的协助下,使污水达到排放标准。悬浮分离器构造如图 5 - 22 所示。

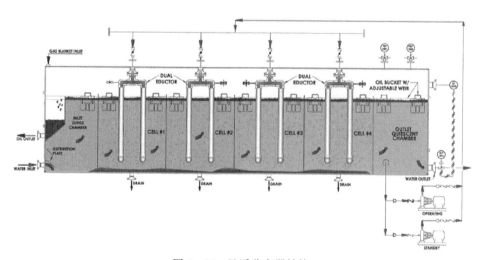

图 5 - 22　悬浮分离器结构

12. 原油计量装置

原油在外输时进行计量是不可少的,所以海上油田大多都要安装该装置(见图 5－23)。

图 5－23 原油计量装置　　　　　　　　图 5－24 火炬

13. 火炬

海上油田一般设有火炬系统(见图 5－24),它是把不被利用的天然气,和紧急释放的气体燃烧掉。火炬又分为高压火炬系统和低压火炬系统。

14. 管线

管线连接各个设备,是实现油气水分离过程的重要设施。

15. 阀门和阀件

阀门和阀件在油气水处理工艺中也是非常重要的。它们是实现设备和管线连接的桥梁,也是实现设备维修和操作的工具和设施。

以上是油气生产过程的主要设备,还有辅助生产设施和公用设备没有在这里列出。

第6章 自升系统和设备

6.1 概述

按照我国目前所处的海洋石油开发阶段,移动自升式平台是各类平台中的主力军。自升式平台用途包括钻井、修井、生产和服务,而且还可以作为整治港口的作业平台;还可以作为海洋风电装置的安装平台等。自升式钻井平台最为典型,特别适用于近海油气资源的开发。

自升式平台的结构式样是各种各样的,基本结构包括平台主体、桩腿和升降装置。升降系统安装在桩腿和平台的交界处,驱动升降装置能使桩腿和主船体做相对运动,从而将主体提升或者下降,当平台到达工作高度后,平台主体会被固定于桩腿某一位置。

图6-1显示两种自升式海工平台。

目前常用的自升系统包括销孔式液压升降系统和齿轮齿条升降系统两种。

"凯旋"系列自升式钻井平台

(a)

(b)

图 6-1　自升式海工平台

(a) 自升式海洋钻井平台　(b) 自升式风电安装船

6.2　销孔式(顶升式)液压升降系统

销孔式(也称顶升式)液压升降系统是由液压驱动提升系统提供动力,确保桩腿可克服泥土、砂石等带来的阻力和升降平台自身的重力,将桩腿插入或拔离海床以及升降整个平台。

海上液压升降系统应满足以下功能:确保系统有足够的动力克服泥土、砂石等阻力与平台自身的重力,将桩腿插入或拔离海床及平台的升降;桩腿在工作过程中,应运行平稳,无卡死现象;插桩或拔桩过程中,液压执行机构能满足一定节距的行程要求;系统设计为自锁式桩腿液压升降系统,在各种工作及非工作状态下,系统可以实现自锁,通过计算机或中央控制台下达指令完成控制台的升降作业。

顶升液压式升降系统装置主要技术特点在于销子、销孔、活动圈梁和顶升液压缸等。顶升液压式升降原理是在每一桩腿处都设有两组液压驱动的插销和一组顶升液压缸(见图 6-2)。当装在圈梁上的一组圈梁销插入到桩腿的销孔中时,由一组顶升液压缸同步动作即可使圈梁及销子带动桩腿(或平台主体)升降一个节距。然后进行换手：即将固定销推入到桩腿的销孔中，退出圈梁销，液压缸和圈梁复位，再开始下一个工作循环。

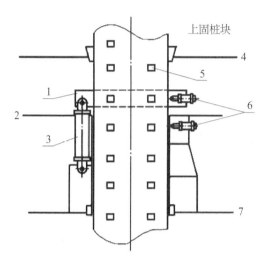

图6-2　销孔式(顶升液压缸式)升降系统

1—圈梁；2—平台主甲板；3—顶升油缸；4—升降室顶板；5—销孔；
6—锁紧销(带油缸)；7—平台主体底板

顶升液压式升降系统的升降动作完全通过液压系统驱动和控制，所以这种驱动方式具有能吸收振动、工作平稳、安全可靠等优点；同时采用销子和销孔配合，升降时销子和销孔之间不存在相对运动和摩擦力的问题，所以对桩腿的制造工艺要求较低；但顶升液压式升降系统由于工作时是通过间断步进式升降的方式来实现的，所以升降速度比较慢，操作比较繁琐，工作效率低。

6.2.1　系统的结构及组成

以某型自升式风电安装船为例，该项目有四套升降系统，每套系统包括四套双作用液压缸和液压缸的导向结构，液压缸倒挂安装于升降机构舱室内。升降系统按照连续运动设计；在船体操作模式下，每套升降系统里面的三套液压缸运作，第四套作为循环操作使用；在桩腿操作模式下，每套升降系统里面的两套液压缸运作，另外两套作为循环操作使用；当船体和升降系统没有相对运动时，例如船体升桩到位进行预压载操作时，所有的液压缸销孔都是锁死的状态。

每套液压缸系统都包括一个可以和桩腿上的孔配合的插销，插销由液压系统控制插拔。同时，升降系统围绕桩腿环形布置，防止桩腿旋转，但可允许上下运动。主要部件如图6-3、表6-1所示。

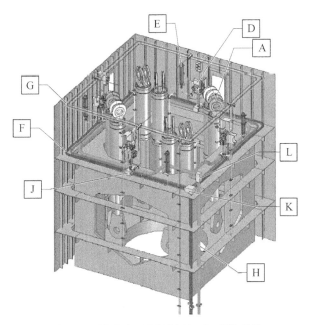

图 6 - 3　销孔式(顶升液压缸式)升降系统

表 6 - 1　升降系统主要部件

序号	名　　称	数量	备　注
A	液压缸	8	
B	插销液压缸	4	图中未显示
C	行程测量油缸	4	图中未显示
D	液压分配阀块	4	
E	液压蓄能器	4	
F	下部液压总管		
G	上部液压总管		
H	垂直液压管,高低压		
I	升桩液压管 T 形块	4	图中未显示
J	下部液压总管连接阀块	4	
K	液压管附件,高压	1	
L	液压管附件,低压	1	

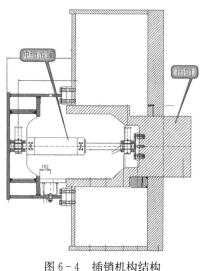

图 6-4 插销机构结构

另外,插销机构主要由轴套、插销油缸、插销油缸护罩、销轴以及横向位置检测装置及附件组成,如图 6-4 所示。在上下环梁插销孔内各有两个水平位置传感器,用来检测插销的水平位置。在各插销内设有纵向位置传感器,用来检测插销纵向位置,防止在带载插拔销轴时损坏销轴。

6.2.2 平台液压升降系统的工作原理

平台液压升降系统可实现七个动作:下桩、插桩、升平台、调平、落平台、拔桩、起桩,其中升平台与插桩工作过程相同,降平台与拔桩过程相同,而调平根据平台高(低)情况不同与拔桩(插桩)相似。

以下桩为例,此时平台处于漂浮状态,下桩过程升降装置的受力为桩腿重力。首先操作控制器,使主油缸缩回,桩腿随着主油缸地缩回而向下移动,通过安装在主油缸上的位移传感器检测主油缸的行程,下插销自动切换到伸出状态,随着主油缸缩回,当下插销对准销孔时插销,下插销插到位后触发水平位置传感器,主油缸和下插销油缸自动停止工作。

上插销卸载时,控制主油缸继续缩回,直至上插销纵向位置传感器发出信号停止动作。即上插销已经脱离桩腿内孔壁,载荷已经全部转移到下插销。控制上插销油缸伸出,拔销到位后,上插销水平位置传感器发出信号,系统自动停止插销油缸动作。

控制主油缸伸出,通过安装在主油缸上的位移传感器检测主油缸的行程,上插销自动切换到伸出状态,随着主油缸伸出,当上插销对准销孔时插销紧靠桩腿的下一个销孔,上插销插到位后触发水平位置传感器,主油缸和上插销油缸自动停止工作。

下插销卸载时控制主油缸伸出,直至下插销纵向位置传感器发出信号停止工作。即下插销已经脱离桩腿内孔壁,载荷已经全部转移到上插销。下插销拔出时控制下插销油缸缩回,拔销到位后,下插销水平位置传感器发出信号,系统自动停止插销油缸动作。

销孔式液压升降系统利用液压缸中活塞杆的收缩带动环梁上下运动,用锁紧销将环梁和桩腿锁紧使桩腿升降。销孔式液压升降运动不连续,升降速度比较慢,但体积小,传动效率高,并对桩腿没有公差要求。

如图 6-5 所示,销孔式液压升降系统循环过程如下:

(1) 液压缸处于收缩状态,固定销锁紧,轭销拔出。

(2) 和(3)液压缸活塞杆伸长,带动环梁上升并将销插入下一个桩腿销孔内。

(4) 固定销拔出,液压缸活塞杆收缩,并带动环梁与桩腿一起下降。

(5) 液压缸收缩,固定销锁紧,轭销拔出,桩腿运动一个行程。

(6) 重复(1)。

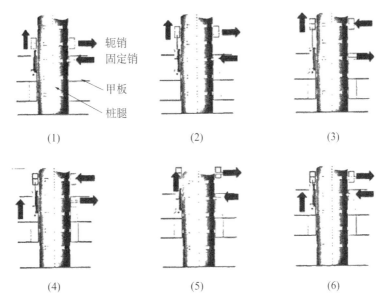

图 6-5 销孔式液压升降系统循环过程

6.2.3 平台液压升降系统的动力及控制系统

以某型自升式风电安装船为例,升降系统包括两套液压动力单元(HPU),分别布置在首部和尾部的机械处所。如图 6-6 所示,在常规状态下,首部液压动力单元为首部两套升降系统服务,尾部液压动力单元为尾部升降系统服务,这种操作模式也叫"双腿操作模式"。若其中一套液压动力单元故障,把中间的阀门打开,则一套液压单元可为四套升降系统提供服务,这种模式也叫作"四腿操作模式",升降的速度相应地降低了。

每套液压动力单元都包括四台电机,每台电机驱动两台液压泵,一台为工作压力,一台为循环工作压力。当任意一台电机或者液压泵故障时,升降系统仍然可降速运行。液压单元包括冲洗泵、服务泵、冷却泵、滤器、阀门、控制板和其他附件(见图 6-7)。

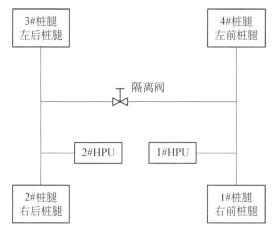

图 6-6　液压系统

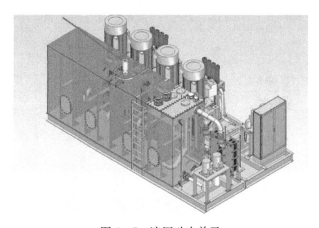

图 6-7　液压动力单元

升降系统的控制包括中央控制系统和桩腿附近的本地控制系统。其中,中央控制系统通常位于驾驶室,便于同时操作四条桩腿的升降,中央控制系统连接到本地控制系统,并连接到液压动力单元的控制板。中央控制室通过操纵杆控制桩腿的升降,并实时监测平台的倾角,并调整不同桩腿的升降速度。

控制系统对主油缸、上插销油缸和下插销油缸的速度和位置(信号检测与逻辑判断模块)进行检测,使其相互协调工作,并进行精确控制。控制系统的检测精度可达到 1 mm。同时,系统按照程序要求对液压站、各电磁换向阀进行逻辑控制,实时检测系统的压力、液位、油温及过滤器的状态并对系统的故障进行诊断、报警、处理。

每个主油缸由一个位移传感器检测油缸伸缩的位移。位移检测信号通过控制电缆传输到控制器,进行比较分析判断。控制器发出控制信号对液压站和液压控制模块进行操作,从而实现桩腿平稳可靠的下桩、插桩、拔桩和起桩等动作。

6.3　齿条齿轮式升降装置

6.3.1　升降装置的布置

　　齿轮齿条式升降系统桩腿的结构形式主要有壳体式桩腿和桁架式桩腿两种。壳体式桩腿按截面又有圆形和方形两种。桁架式按截面分为三角形和四方形两种,如图 6-8 所示。

(a)　　　　　　　　　　　　　　　(b)

(c)　　　　　　　　　　　　　(d)

图 6-8　桩腿的几种结构形式

(a)圆柱型壳体式桩腿　(b)方型壳体式桩腿　(c)三角形截面桁架式桩腿　(d)四方形截面桁架式桩腿

齿轮齿条式升降装置的齿条沿桩腿筒体或弦杆铺设,而与齿条相啮合的小齿条安装在轮架上,并由电动机或液压马达经减速齿轮驱动。当主体漂浮于水面时,驱动齿轮可使桩腿升降,而当桩腿支撑于海底时,驱动齿轮则可使主体升降。

桁架式的桩腿其齿条分布形式有辐射状分布与齿条对立分布两种。如图6-9所示,其中(a)和(b)为沿纵弦梁径向分布(辐射状);(c)为齿条背对背的对立分布。径向分布结构的桩腿稳定性较背对背式分布好,可以将水平方向的载荷施加到纵弦梁上,而背对背的对立式齿条分布可以通过纵弦梁平衡水平方向的载荷,其他撑杆上的水平载荷几乎为零,承受较少的风载且重量较小。

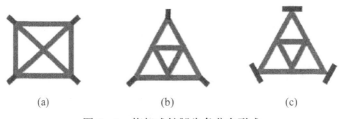

图6-9 桁架式桩腿齿条分布形式

一般而言,壳体式桩腿结构简单,制造容易,相对桁架式桩腿占船体面积小,但其受风浪作用面积大,适用于60 m水深以内的浅海域。而桁架式桩腿受风浪作用面积小,可减少平台重量,提高甲板有效载荷,常用于60 m水深以上的深海海域。

三桩腿和四桩腿是比较常用的两种形式,从减少桩腿数目和相应的升降装置套数、降低造价而言,三桩腿最为理想。但是桩腿越少,对每一根桩腿的提升能力要求就越大,使得升降装置的设计与制造更加困难。在预压时或风暴中,若三腿中有一腿发生突然下陷,平台将随之产生倾斜,会造成升降装置、桩腿和平台主体等相关结构不同程度的损坏。相比之下,四腿支撑的平台具有较大的刚性,相应的矩形结构在布置和制造等方面也要比三角形平台方便一些。

6.3.2 升降装置的组成

由于海洋环境条件相对比较恶劣,平台升降所需时间长短对于平台安全性非常重要,同时平台升降时间也与平台就位费用密切相关。所谓齿轮齿条式升降系统就是在平台的每根齿条上设置几个小齿轮,齿条及其对应小齿轮数量根据平台所要求的举升能力和平台总体要求加以确定。动力通过桩边马达驱动齿轮减速箱,然后传递给与齿条啮合的小齿轮带动平台的升降。齿轮齿条升降系统从动力驱动上又可分为液压马达驱动和电机驱动两种方式。

　　自升式平台的桩腿齿条是沿桩腿圆筒或弦杆铺设的,而与齿条相啮合的小齿轮安装在升降系统传动装置的末端,整个升降系统的动力由电动机或液压马达输出,通过联轴器传输到传动装置,再由传动装置传递给小齿轮,最后通过小齿轮驱动齿条做直线运动,从而带动桩腿或平台进行升降作业。对于一个三根桁架式桩腿的自升式平台来说,每一个桩腿上都有三根弦杆,每根弦杆上设有两道齿条,每道齿条上有上下两个小齿轮与之啮合(见图 6 - 10),每一对啮合齿轮及其驱动、传动装置构成一个升降单元,一般来讲,升降系统由数个或数十个升降单元组成。

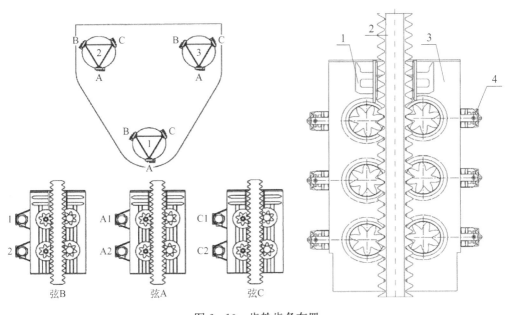

图 6 - 10　齿轮齿条布置

1—上导向　2—弦杆齿条　3—基座　4—传动单元

　　以平台有 4 根桩腿,在平台每个角上均有一根三角形桁架型齿条桩腿为例。桁架式桩腿其齿条分布形式为齿条背对背的对立分布,如图 6 - 11 所示。背对背的对立式齿条分布可以通过纵弦梁平衡水平方向的载荷,其他撑竿上的水平载荷几乎为零,承受较少的风载且重量较小。每根桩脚有三条齿条,每条齿条各对应有 6 套升降装置和 1 套锁紧装置。这样每根桩腿就有 18 套升降装置和 3 套锁紧装置,全平台有 4 根桩脚。

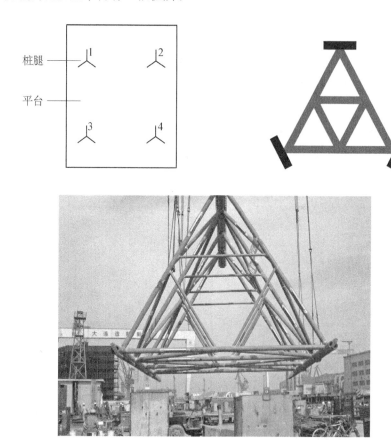

图 6 - 11　平台桩腿分布形式及升降装置安放形式

　　单根桩腿升降系统的结构如图 6 - 12 所示,其中,主要的组成构件包括桩腿、固桩架、升降装置和锁紧装置。

　　桩腿:桩腿的作用除支撑平台的全部重量外,经受住各种环境外力的作用。

　　固桩架(见图 6 - 13):固桩架起安装固定升降装置并在不同工况下传递桩腿与平台主体之间荷载的作用。

　　升降装置(见图 6 - 14):升降装置的作用是为桩腿的升降提供动力,控制桩腿的上升和下降。主要部件包括:升降液压(电动)马达、二级齿轮减速器、行星减速器和小齿轮等。

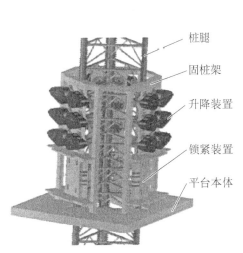

桩腿

固桩架

升降装置

锁紧装置

平台本体

图 6 - 12　单根桩腿升降系统的三维结构

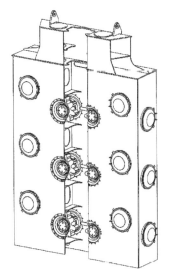

图 6 - 13　固桩架

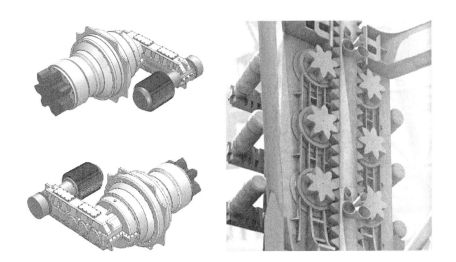

图 6 - 14　电机驱动升降装置

　　锁紧装置(见图 6 - 15)：锁紧装置的作用是锁紧桩腿，使平台处于海平面上，稳定地进行作业。主要部件包括：锁紧基座、锁紧装置、联轴器、螺旋升降机和齿形楔块。

　　对于电机驱动的升桩系统，也有的系统用电机的刹车锁紧升桩系统的设计，如图 6 - 16 所示。

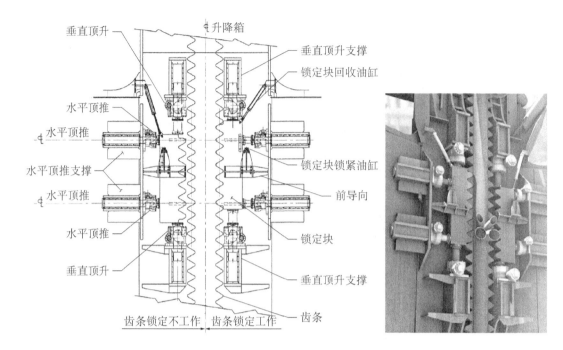

图 6-15　独立的锁紧装置

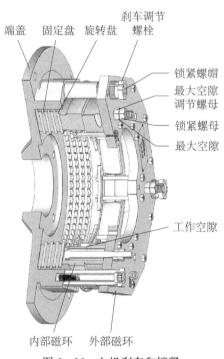

图 6-16　电机刹车和锁紧

　　自升钻井平台控制系统主要功能有：平台升降及其控制,齿轮齿条装置受力的检测和控制,升降高度位置的检测和控制,平台水平度的检测和控制,马达功率,频率,电压,电流,载荷等信息的检测和控制,齿轮箱温度的检测和控制。根据平台的特点,可以对所有的测量参数都可以设定报警限,报警方式包括声光报警,显示屏提示和报警记录。图 6-17 为升降系统控制显示屏。图 6-18 为锁紧系统控制显示屏。

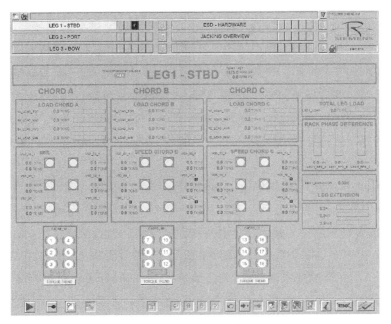

图 6-17　升降系统控制显示屏

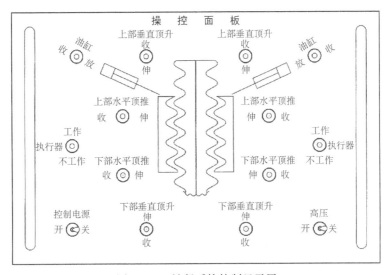

图 6-18　锁紧系统控制显示屏

6.3.3 升降装置的工作流程

齿轮齿条升降系统采用电机或者液压马达作为动力源,经过齿轮减速机构带动小齿轮,小齿轮带动沿桩腿弦管铺设的齿条,从而驱动桩腿升降。一根桩腿上常常铺设多道齿条,为了减少桩腿所受水平力,齿条一般是成对布置,敷设在同一弦管的两侧,使齿轮动作时由于压力角和摩擦力引起的水平分力相互抵消,为了缓冲齿条的冲击力,可在桩腿上下加上缓冲装置或者采取其他装置补偿冲击力。在齿条的两侧设有导向结构,可以限制桩腿水平方向的移位和旋转,以保证小齿轮和齿条的间距。齿轮齿条升降系统运动连续,速度快,运动平稳,操作灵活。但对齿条和齿轮的要求较高,而且常需要齿轮减速箱,机构庞大,平台升起后采用锁紧机构进行固定,升降装置一直处于受力状态。主要构成部分:带有齿条的桁架式桩腿,锁紧机构,升降装置,上下导向等。典型升降系统工作流程如图6-19所示。

工况 A:平台移行到工作地点,准备升降作业。

工况 A-B:平台从浮动状态开始桩腿升降,升降装置启动,齿轮带动齿条向下运动,促使桩腿向下运动,直到桩腿接触到海底为止。

工况 B-C:升降装置继续运转,使平台脱离海平面向上运动。

工况 C:平台达到预压高度,升降装置停止运转,锁紧装置进行工作,锁紧装置锁紧桩腿的齿条,使平台处于预定的高度静止不动。平台开始进行预压工作。

工况 C-D:预压结束,锁紧装置进行工作,锁紧装置松开桩腿的齿条,使平台处于可运动状态,升降装置运转,使平台提升至作业的高度。

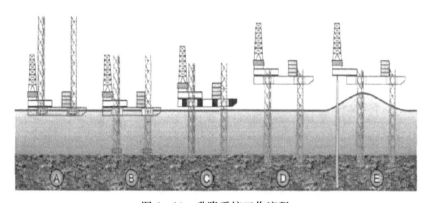

图6-19 升降系统工作流程

工况 D：平台达到作业高度，升降装置停止运转，锁紧装置进行工作，锁紧装置锁紧桩腿的齿条，使平台处于作业高度静止不动。

工况 E：自升式平台开始作业。

参考文献

［1］傅裕虎."港海一号"自升式钻井平台升桩机构控制台系统［J］.船舶，2001，2：53－55.

［2］梁晓玲.海上自升式钻井平台升降控制系统设计与研究［D］.硕士论文，大连海事大学，2010.

［3］程龙.自升式海上钻井平台液压升降系统解析［J］.石油和化工设备，2012，15：32－34.

［4］孙永泰.自升式海洋平台齿轮齿条升降系统的研究［J］.石油机械，2004，32（10）：23－26.

［5］李文华，张银东，陈海泉，等.自升式海洋石油平台液压升降系统分析［J］.液压与气动，2006，8：23－25.

［6］车畅，陈定方，梅杰，等.自升式海洋钻井平台锁紧装置液压系统［J］.湖北工业大学学报，2010，25（4）：72－74.

［7］孙景海.自升式平台升降系统研究与设计［D］.硕士论文，哈尔滨工程大学，2010.

［8］王刚，孟祥伟，彭曼，等.自升式平台支撑升降系统结构设计与分析.机械设计.2011，28（7）：42－45.

［9］徐晓平，付鹏，羊字军，等.自升式钻井平台升降系统安装精度控制［C］.2012 年全国钢结构设计与施工技术交流会论文集，2012.

第7章 动力定位系统和设备

7.1 动力定位系统概述

随着世界经济的迅速发展,对资源和能源的极大需求导致陆地供应日趋极限,各国都把重点转移到海洋上,海洋现在已成为国际激烈争夺的领域。20世纪60年代迫切需要扩大生产和石油有关的能源,这需要勘探开采许多世界未开发的地方。对海上钻井而言主要的限制是水深。海洋石油业的诞生,特别是海上钻井对深水区作业的要求,使得固定式平台作业和传统的锚泊系统作业无法继续使用,迫切需要平台能依靠自身动力来抵抗多变的海洋环境影响从而保持在要求的位置上进行作业。发展一套自动控制装置来完成动力定位功能的想法逐渐产生了。

第一条满足动力定位要求的船是美国壳牌公司的钻井船"Eureka",于1961年建造下水。Eureka可在6 m浪高和21 m/s风速下达到1 300 m的钻探深度。1964年,美国Caldrill Offshore公司的"Caldrill 1"交付使用,装备221 kW的推进器4台,达到了2 000 m的最大钻探深度,此后,带有动力定位能力的钻井船不断建造下水,动力定位能力和钻探深度不断刷新。法国由于在地中海有敷设海底管道的要求,而动力定位系统可以使管道敷设作业更加安全有效,1963年法国建造出满足动力定位要求的"SALVOR"和"TEREBEL"用于地中海管道敷设。

动力定位经过不断的发展,已经做了很多改进,其开始为试探性钻探和敷设管道而设计,现在动力定位已经被广泛用于从海洋物探,近海工程到军事应用的各个领域各种作业,涉及钻井生产,潜水作业支持,海底敷管,海底敷缆,油田多用途支持,航道测量,航道疏浚工程,海洋调查,起重作业,穿梭油轮,FPSO,卫星发射平台及多种军事舰船。

动力定位系统是一种闭环的控制系统,其功能是通过各种传感器不断检测出船舶和海洋平台的实际位置与需要的口标位置的偏差,以及风浪流的外界干扰影响计算出使船舶或海洋平台恢复到目标位置所需推力的大小、方向,并对船舶或平台上各推力器进行推力分配,产生推力,从而使船舶或平台保持在所要求的目标位置上。动力定位的优点是能适应各种水深的定位要求,定位成本不会受水深的增加而增大,操作简便。动力定位控制系统能使船舶或平台始终处于受风浪作用力最小的方向上,以减少系统能源的消耗和机械磨损。

随着信息领域,控制领域的迅猛发展导致了动力定位系统的长足进步,技术的发展使得动力定位系统变得更加先进和复杂,而且可靠。近年来计算机技术,网络技术,模型控制技术的应用使得动力定位技术取得质的飞跃,定位参考系统和外围设备数量多且相当可靠,高冗余度使得作业能适应高风险的操作。动力定位系统的成熟以及市场的大量需求使得动力定位船舶和海洋平台越来越普及。

当前世界上较有名的生产动力定位产品的公司有 Kongsberg Simard,Alstom 和 Nautronix 三家;其中 Kongsberg Simard 公司的产品优势独占当前国际船舶动力定位市场的鳌头。

7.2 动力定位系统结构组成

IMO(国际海事组织)对动力定位的定义如下:

(1) 动力定位船舶(dynamic positioning vessel):通过推进器推力,能够自动保持位置和航向(固定位置或者预定航迹)的装置和船舶。

(2) 动力定位系统(dynamic positioning system):表示动力定位船舶需要装备的全部设备,包括动力系统,推进系统,动力定位控制系统,测量系统,简称 DPS。

如图 7-1 所示,动力定位系统主要有四大部分组成,包括:

(1) 动力定位控制系统(DP control system)。

(2) 测量系统—位置参考系统和传感器(position reference systems and sensors)。

(3) 推进系统(propulsion and thruster system)。

(4) 动力系统(electrical power system)。

7.2.1 动力定位控制系统

1. 动力定位控制系统与控制方法的发展过程

动力定位是自动控制的一个具体应用,因此可以用经典控制理论和现代控

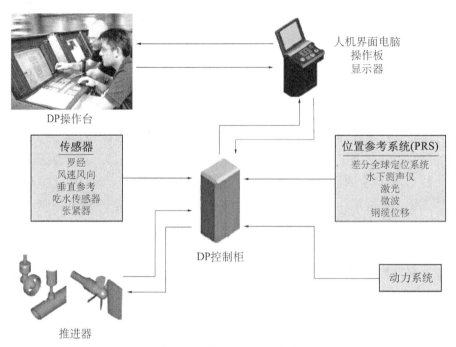

图 7-1 动力定位系统组成

制理论方法来设计控制器。在动力定位的过程中,控制器读取位置测量系统所得到的位置信号,将其数值与预定的目标值作比较,经过运算,得到抵消位置偏差和外界干扰力所需要的推力,然后对推进器发出指令,以产生推力使船尽可能靠近所希望的位置。船舶和海洋平台在海上的运动是由风、水流、波浪、推力器等共同产生的。前者引起的慢漂运动使其缓慢地漂离原来的位置,必须加以控制;后者引起高频往复运动。动力定位系统很难并且也没有必要对高频位移进行控制,因为这会大大加速推力器系统的磨损和能量的消耗。早期的动力定位系统采用 PID 控制,引起相位滞后。为解决相位滞后,卡尔曼滤波(Kalman Filter)被利用。为解决模型不确定性和外部扰动问题,H∞鲁棒控制和模糊控制被引入以提高动力定位控制时效性和精度。针对动力定位系统具有非线性、强干扰、难建模、时滞等特点,神经网络控制被引入辅助控制。从动力定位控制技术的发展来看,这个过程大致分为三个阶段。

早期的动力定位中应用的一般是经典控制,即比例-积分-微分(PID)控制,比例项使控制系统得到的推力器复位指令正比于测量值和基准值之差,因此船舶越偏离基准值,推进器指令就越大;微分项使推力器指令有必要的提前,从而使动力定位系统对干扰有预定的动态响应;积分项的作用是抵消作用在船上的缓慢变化的静态力。PID 控制分别对船舶在海平面内纵荡、横荡以及艏摇三个自由度上的运动实施控制,同时为了避免响应高频运动,还采用滤波器以剔除偏差信号中的高频成分。这主要是因为船舶在海面上的综合运动是由风、流、一阶波、二阶波以及推进器等共同引起的。一阶波浪力数值非常大,推力系统无法平衡抵消,同时由于高频运动仅表现为周期性的振荡而不会导致平均位置的变化,所以在动力定位中为了避免不必要的能量浪费以及推力器的磨损,仅对低频运动加以控制而忽略高频成分。应该说在动力定位中应用 PID 控制取得了相当大的成功,特别是早期阶段。但是也具有不可避免的缺点,在设计控制器时,选择对控制性能至关重要的 PID 系数是一件很困难的事情。因为 PID 使用的是线性模型,对于动力定位这样复杂的非线性系统来说,PID 所取得的功效将会受到一定的限制。如果海况和船体有变化,PID 控制器的所有参数将不得不重新选择。这在客观上也促进了其他控制方法在动力定位中的应用。

后来空间技术的发展带动了滤波算法的改进,卡尔曼在 1960 年提出递推滤波算法理论,成功将状态变量法引入滤波理论中,这就是卡尔曼滤波。卡尔曼滤波不要求保存和利用过去所有的测量数据,当新的数据测得后,根据新的数据和保存的前一刻的估计值,借助系统本身的状态转移方程,按照递推公式就可以计算出新的估计值,这大大减少了滤波系统中的存储量和计算量,在实际的计算机控制中得到了极大的推广。1975 年 Balchen 等将卡尔曼滤波(Kalman Filter)引入到动力定位的控制理论中,卡尔曼滤波器或扩展卡尔曼滤波器(Extended Kalman Filter)在动力定位控制中的作用主要是,测量所得到的船舶综合运动的位置信息,进行多传感器多数据融合,并剔除信号数据的噪音成分,估计出其低频运动状态,并将之反馈形成针对船舶低频运动的线性随机最优控制。容易理解,由于反馈信号只从基于低频模型的卡尔曼滤波器或扩展卡尔曼滤波器获得,因此控制系统只响应低频运动,而不响应高频运动。此外,由于采用卡尔曼滤波或扩展卡尔曼滤波,取样和修正能在同一个周期内完成,因而解决了控制中存在的由于滤波而导致的相位滞后问题。最优控制和卡尔曼滤波理论相结合的动力定位控制方法,产生了第二代也是应用非常广泛的动力定位系统。

扩展卡尔曼滤波控制如图 7 - 2 所示。

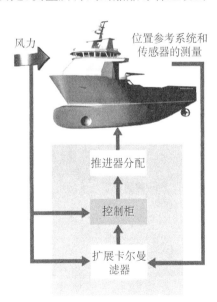

图 7 - 2 扩展卡尔曼滤波控制

第三代动力定位系统是目前最前沿的控制系统,采用了智能控制理论和方法,使动力定位控制进一步向智能化的方向发展。智能控制方法主要体现在 H∞鲁棒控制,模糊控制,由于系统模型的不精确性以及所受环境力的扰动性对动力定位系统稳定性有很大的影响。因此在解决稳定性方面存在优势的 H∞鲁棒控制得到了很好的应用。模糊控制有不依赖于对象的精确数学模型,抗干扰能力强,响应速度快,鲁棒性好的特点,利用模糊控制(fuzzy logic control)技术对于动力定位非常适合。通过模糊控制将波浪和海流产生的力作为前反馈到系统中非线性建模,从而可以有效快速地提前抵制船舶可能发生的漂移从而提高动力定位能力。利用神经网络控制(neural network control)的自学习自适应的智能化功能,则可以更好地让整个控制系统学习和适应环境力的扰动。目前国际上主要的动力定位控制系统制造商都开始了第三代的研发和新产品装船。目前最新推出的具备绿色动力定位控制这种最新理念的动力定位系统可以降低高达20%的油耗及二氧化碳排放量。绿色动力定位系统使船只固定在指定运作区域内。这种新方法基于对船只动作的预测,而非当前情况,使用方法为"非线性模型预测控制",从而优化预测船只偏移对推进器的使用。这样,那些短小的不足以使船只偏离其运行界限的干扰将被"过滤"掉。不仅保证了非常平稳的控制,而且大幅降低了高峰负荷及推进器的磨损,这是绿色船舶战略的一部分。

2. 动力定位系统控制原理

动力定位控制系统及控制流程如图7-3所示。动力定位控制系统根据输

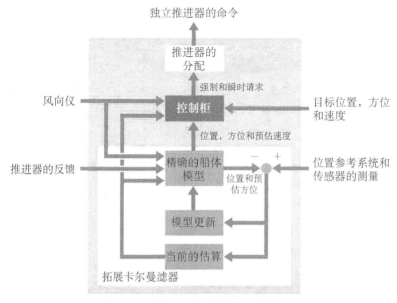

图7-3 动力定位控制系统及控制流程

入指令的要求(wanted position，heading and speed)，并结合获得的运动变量(measurements from position-reference systems)及环境外力(wind and other sensors)自动计算出需要的力和位移要求(force and moment demand)并分配(thruster allocation)给予各个推进装置执行，最终得以保持位置(固定位置或者预定航迹)和航向。

运动变量一般取自三自由度运动模型，分别是：

- Surge(沿 X 方向的移动，又称纵荡)；
- Sway(沿 Y 方向的移动，又称横荡)；
- Yaw(沿 Z 方向的转动，又称艏摇)。

环境外力一般包括：

- Wind(风)；
- Waves(浪)；
- Current(流)。

推进装置一般包括：

- Tunnel Thrusters(管隧推进器)；
- Azimuth Thrusters(全回转推进器)；
- Main Propulsion/Rudders(主推进器/舵)。

图 7 - 4 为运动变量、环境外力和推进装置。

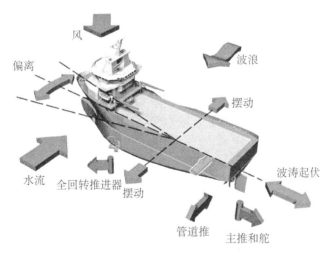

图 7 - 4　运动变量、环境外力和推进装置

如图 7 - 5 所示，动力定位控制系统组成，包括：

- 控制站(operator station)。

- 控制器(DP controller)。
- 控制网络(processor network)。

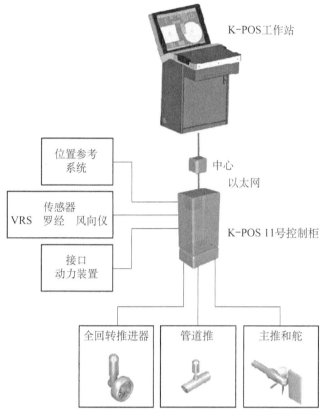

图 7-5 动力定位控制系统

7.2.2 测量系统—(位置参考系统和传感器)

精确的,可靠的和连续的位置信息对动力定位来说是至关重要的,一些动力定位作业要求相对位置精度小于 3 m。动力定位控制系统要达到较高的精度,需要至少每秒钟获得一次数据。可靠性对于动力定位作业来说非常关键,不正确的位置数据可能会直接导致作业任务的失败。

所有的动力定位船舶都安装有位置参考系统(position reference system),该系统设备与船舶正常航行用的导航设备是相互独立的。在动力定位船舶中,常用的位置参考系统包括:

- 卫星定位系统 satellite systems。

- 激光定位系统 laser systems。
- 雷达定位系统 radar systems。
- 无线电定位系统 radio systems。
- 声学定位系统 acoustic systems。
- 微波定位系统 microwave systems。
- 张紧索 taut wire。

　　动力定位系统除了要相对某基准点控制船位外,还要控制船的艏向。通过控制艏向可以抵抗风浪的冲击来完成海上作业,还可使船艏或者船艉对着风浪,以减小推进器的负荷和船舶的运动。这样就需要艏向传感器——电罗经 Gyro Compass 和风传感器。另外动力定位还需要测量船舶的动态直线运动和姿态,测量船舶作业过程中的横摇、纵摇、艏摇和垂荡,这由运动传感器(Motion Reference Sensor,MRU)来完成。

　　典型动力定位船舶通过位置参考系统和传感器获得位移、姿势和环境外力(见图 7 - 6)。

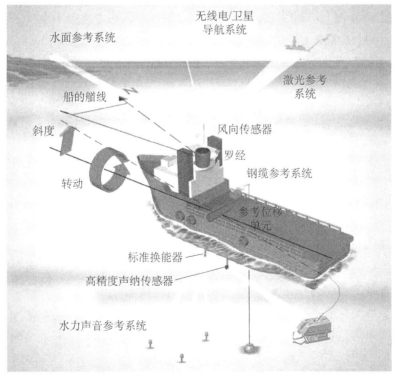

图 7 - 6　动力定位船舶通过位置参考系统和传感器获得位移,姿势和环境外力

1. 卫星定位系统(satellite systems)

卫星定位系统的基本原理是测量出已知位置的卫星到用户接收机之间的距离,然后综合多颗卫星的数据就可知道接收机的具体位置。

目前在动力定位船舶上使用的卫星定位系统主要是美国的全球定位系统(Global Positioning System,GPS)和苏联的全球导航卫星系统(Global Navigation Satellite System,GLONASS)。

全球定位系统是一个由覆盖全球的24颗卫星组成的卫星系统。这个系统可以保证在任意时刻,地球上任意一点都可以同时观测到4颗卫星,以保证卫星可以采集到该观测点的经纬度和高度,以便实现定位、授时等功能。由于GPS对民用开放的精度问题,所以动力定位船舶上使用的是有基准站支持校准的差分GPS,即DGPS。

GLONASS系统的应用普及情况远不及GPS,在轨卫星陆续退役,导致在轨卫星数量不足,不能独立组网,只能和GPS联合使用。

2. 高精度声学定位系统(High Precision Acoustic Positioning,HiPAP)

声学定位系统最初是在19世纪60年代的时候被开发出来用于支持水下调查研究。20世纪90年代以来,世界先进国家的海洋调查技术手段逐步成熟与完善,其中超短基线(简称USBL)水下设备大地定位技术也获得了长足的发展。高精度水下定位系统具有广泛的用途,在海洋探测研究、海洋工程、水下建筑物施工、潜水员水下作业、海洋军事等方面,都离不开水下定位系统为其提供高精度、高质量的定位资料。声学定位系统能够在有限的区域内提供非常高的位置可重复精度,甚至在远离海岸。对大多数用户来说,可重复性精度要比绝对精度重要。

在声学定位系统中,有3种主要的技术:长基线定位(LBL),短基线定位(SBL),和超短基线定位(SSBL/USBL),有些现代的定位系统能组合使用以上技术。

长基线定位能在宽广的区域内提供高精度的位置如图7-7所示,它需要至少3个应答器组成的阵列部署在海底上的已知点上。水面舰只安装一个换能器。换能器测量出到水底应答器的斜距,从而计算出自身的坐标位置。

短基线定位需要在舰船上安装至少3个换能器阵(见图7-8),换能器之间的位置关系为已知。应答器安装在需要定位的目标上,舰船上的多个换能器测量出到同一个应答器的距离,从而计算出目标的位置。

超短基线系统是短基线系统的一个变种(见图7-9),是20世纪70年代为简化水声定位系统而发展起来的,它的特点是基阵尺寸特别小,在定位的船载换

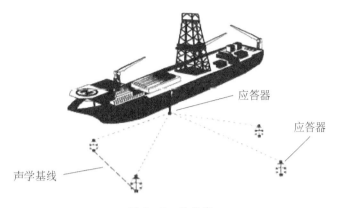

图 7-7　长基线

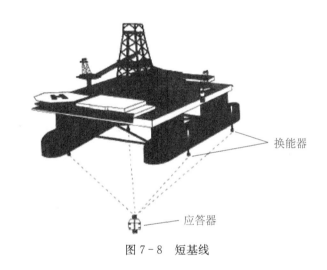

图 7-8　短基线

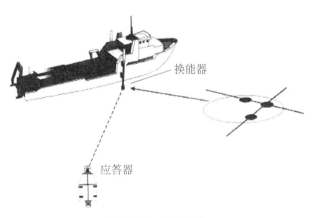

图 7-9　超短基线

能器中,集成有至少 3 个单元,应答器安装在需要定位的目标上,换能器测量出到应答器的水平和垂直角度及斜距。

这三种不同方式的声学定位系统中,长基线定位(LBL)定位精度最高,但是水底布设高精度定位已知点的施工难度大且费用较高,一般使用在石油平台等需要高精度定位的工程。短基线定位(SBL)需要对船体布置换能器基阵,对船体的要求使短基线的应用受一定的限制。超短基线声学定位系统(SSBL)对于短基线系统的优势是很明显的,只需要在船舶上安装一个换能器及其电子单元,就可以提供高精度的声学定位。

3. 张紧索

在动力定位船舶上使用张紧索系统非常普遍(见图 7 - 10)。张紧索系统是一种有效的短距离位置参考系统,与其他系统相比,具有精确度高,可靠性好,安装方便且快速,不需要安装外部辅助设备等优点,船舶在固定点停留很长时间且水深有限的情况下,张紧索系统能发挥更大的优势,张紧索系统也可用于移动目标上,不过这时船舶需要得到相对于移动船的另一个位置。

图 7 - 10 张紧索系统

张紧索系统一般是在船舶的一侧甲板上安装起重臂,使用恒定张力绞车来操纵沉锤。缆线首先绕过一个绞盘,在皮带的牵引下到达吊杆或安置在船一侧的 A 型架上。角度传感器安装在吊杆的尾部。系统工作时,利用角度传感器测量缆线的角度。首先将沉锤沉到海底,此时系统转入恒张力状态,也称锚泊状态,在船移动的情况下,保持缆线上的张力,根据缆线展开的长度,缆线横向和纵向的角度,同时参考沉锤,便能够求出船舶的位置。

张紧索系统可以在最大 500 m 水深工作,横向和纵向的角度最大可达 20°。

4. 激光定位系统

基于激光的动力定位位置参考系统目前主要有两种:一种是 MDL 生产和销售的 Fanbeam 系统(见图 7 - 11),另一种是 GCS 发明的 Cyscan 系统。Fanbeam 系统已经被应用多年,颇受欢迎;Cyscan 系统相对而言比较新,于 2003 年投入市场。

在过去,许多激光定位系统广泛用作勘测和定位。它们大多数用于完全静止或缓慢移动的目标。传统窄光束

图 7 - 11　激光定位系统

激光的一个缺点就是在目标上很难保持激光的精度。这使得自动追踪变得比较困难,尤其是将激光单元装在移动的船上。Fanbeam 是由位于 Aberdeen 的 MDL 制造的,它正被广泛地用作动力定位的位置参考系统。前面提到的问题已经通过使用一种特制的激光器得到了解决.这种激光器能够在 20°的垂直扇形区域内产生激光束。水平扫描该扇形区域就可以从船上追踪到目标反射物体,从而推断出距离和方位角。目标反射物可以放置在平台或其他位置上,在使用中是被动的,且没有移动的部件。

为了用作动力定位系统的位置基准,Fanbeam 系统一般工作在目标自动追踪模式下,当作为其他应用时,可以工作在其他模式下。在对港口挖泥作业进行控制时,Fanbeam 系统安装在岸上,追踪安装有激光反射器的多个目标。每一艘船之间有无线通信链路,因此定位数据可以提供给每艘船。在单船或多船作为勘测应用时,会用到相似的设备。

Fanbeam 系统由激光扫描仪和通用显示单元(UDU)两部分组成。激光扫描仪自身又由一系列砷化镓激光半导体二极管组成。它们产生 7 500 Hz 的激光,分布在 20°的垂直扇形区域内,其水平发散小于 3 mrad。脉冲由一个发射镜头发射,脉冲长度是 15 ns(大约是 5 m)。被反射回来接收到的光直接送到一系列光敏二极管中,从而产生电信号。由反射时差确定测距,可通过对同一目标物多次反射值取平均数来提高精度。

激光器内嵌在扫描单元中,用来水平方向扫描激光束。激光单元的角度是由一个光学轴状编码器测量的。直接安装在激光单元轴上的高精度光学编码器

的分辨率是 0.01°,其包括分档器电机和驱动齿轮,整套装置的精度是 0.02°。系统可以进行 360°扫描,也可以扫描某一特定扇形区域,对一个或多个目标进行扫描。用户可以通过程序设置扫描速度为 0°/s~50°/s。激光仪在每一次扫描结束后都会关闭,该系统为人眼一级安全系统。Fanbeam 发射出的激光束被分配在垂直方向 20°的范围内。这样就可以接受扫描单元和目标物体高度上存在的小误差。倾斜扫描装置可以克服竖直方向上大的偏移量。在早期的 Fanbeam 模型中,扫描装置可以通过手动发生机械倾斜,而现在的 Fanbeam Mk4 系统则可以通过远距离自动倾斜控制装置上下各倾斜 15°。

Fanbeam 操作的目标物可以是任何有反射面的物体,但是建议目标一般为平台或固定站上的物体。目标物可能简单得像粘有带放射能力的带子或薄板的柱形塑料管(MDL,建议采用菱形的白色反射管,其反射距离高达 200 m),或者采用带有测量用玻璃棱镜的永久性装置。后者的反射能力会更好,如六棱镜的反射能力高达 2 km。考虑到任何可能的光线源的干扰,目标的安装方向要与船的方向相近。目标物的位置还要考虑到来自低能量的太阳光以及附近的强反射源的干扰,这些干扰会影响反射的期望值,甚至给出错误的数据。

5. 微波位置参考系统

Artemis 微波位置参考系统一度被用作动力定位作业的位置参考系统而广泛使用(见图 7 - 12)。Artemis 定位系统的主要用途是对移动物体进行准确的测距和定位,如在参考一个已知固定点的情况下对一艘船舶进行定位。本系统由两个站组成,一个是位于移动物体上的移动站,另一个是位于已知固定点上的固定站。

图 7 - 12　微波位置参考系统

为了获得移动站的方位角(相对于正北),在锁定系统之前,固定天线被用做一个已知方位角的参考物体。移动站和固定站之间的距离是通过测量在两个站之间传输微波的编码中断时间获得的。

固定站和移动站的天线自动相互跟踪以此来保持连续的微波链路。固定站的天线驱动轴安装有一个精度的轴码盘。在提供固定站的方位前提下,可以测量天线相对于已知参考方向的角度。

为了避免两个 Artemis 在系统工作的区域内相互干扰,可以使用四组固定/移动站频率对。可以通过操作面板来进行频率对的选择,移动站的自动频率控制器可以精确地将两站之间的频率差保持在 30 MHz。

该系统便于携带和安装,因此是一种理想的动力定位传感器。其性能不受雨、雾、尘埃的影响。该系统的测量范围为 10 m～30 km,与动力定位系统配合使用时的最大测量距离为 10 km。

6. 动力定位系统其他传感器

1) 艏向传感器

动力定位系统除了要相对某基准点控制船位外,还要控制船的艏向。通过控制艏向可以抵抗风浪的冲击来完成海上作业,还可使船舶对着风浪,以减小推进器的负荷和船舶的运动。要控制艏向,就得先测量艏向。在水平面内将船舶坐标系转换为另一个坐标系时,也需要测量船的艏向。艏向传感器通常采用电罗经,如图 7 - 13 所示。

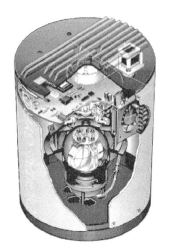

电罗经又称陀螺罗经,是德国于 1908 年发明的一种指北仪器。它能自动、连续地提供舰船的艏向信号,并通过艏向发送装置将艏向信号传递到舰船需要艏向信号的各个部位,从而满足舰船导航及装备系统的要求。电罗经是舰船必不可少的精密导航设备,被称为舰船的"眼睛"。它是陀螺仪在导航上

图 7 - 13　艏向传感器

的一种应用,它不受地磁和船体磁场的影响,定向准确。作为船舶重要的航海导航设备,已被广泛应用。

电罗经是根据陀螺仪的定轴性和进动性,结合地球自转矢量和重力矢量,利用控制设备和阻尼设备制成的用来提供真北基准的仪器。

陀螺不旋转时,其轴线可以任意改变。当其高速旋转而又没有受到外力影响时,它就不会改变轴线的方向,而是维持在空间中的指向,这种特性称为

陀螺的定轴性。当旋转的陀螺受到某种外力作用时,它又按一定的规律不断地改变其轴线的空间指向,这种特性称为陀螺的进动性。电罗经正是应用了陀螺仪的定轴性和进动性,使其旋转轴线精确地跟踪地球子午面,并且始终准确地指向地理北极,这样无论船舶航行到哪里,都可以依此确定航向。

电罗经是由主罗经与分罗经、电源变换器、控制箱和操纵箱等附属设备构成。核心部件是主罗经内的陀螺球。

按对陀螺施加作用力矩的方式不同可将其分为机械摆式与电磁控制式两类电罗经。机械摆式陀螺罗经按产生摆动力矩的方式分为用弹性支承的单转子上重式液体连通器式罗经和将陀螺仪重心放在支承中心以下的下重式罗经;电磁控制式陀螺罗经是在两自由度平衡陀螺仪结构基础上,设置电磁摆和力矩器组成的电磁控制装置。通过电信号给陀螺施加控制力矩。任何类型的陀螺罗经的主罗经基本上都是由灵敏部分、随动部分及固定部分组成。灵敏部分是主罗经的主要部分,它类似于磁罗经中磁针起指北作用的部分。通常由一个或两个陀螺电机组成,且多为三相异步感应电机,也有采用单相感应电机的。灵敏部分采用一个陀螺电机的陀螺罗经称为单转子陀螺罗经;采用两个陀螺电机的陀螺罗经称为双转子陀螺罗经。灵敏部分按悬挂方式划分也有几种形式。单转子陀螺罗经多采取扭力弹性(吊丝)悬挂方式;双转子陀螺罗经则采取浮液悬挂方式。此外,近代的单转子陀螺罗经也兼有浮液悬挂。

2) 风传感器

风传感器品种繁多,风速测量的方法多种多样,风速检测范围、精度要求、使用要求都是选择风传感器的主要依据(见图7-14)。风速测量方法有气压法、机械法和散热率法等。气压法是通过测量全压和静压的差值求得风速,如皮托管式风传感器;机械法是利用流体的动压推动机械装置旋转来求得风速,如螺旋桨风传感器;散热率法利用流速与散热率成对应关系的原理,通过测量相等散热量的时间,或测量温度变化,或保持原温度的

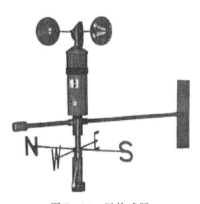

图7-14 风传感器

加热电流量的变化来确定风速。随着现代科学技术的发展,激光、超声波等一些新式的风传感器也在风速检测中使用。风传感器多用于陆地与海洋的风速测

量,它是船舶动力定位系统不可或缺的装置之一。

3) 运动传感器

MRU(motion reference unit)是运动传感器(见图 7 - 15),它能测量船舶的动态直线运动和姿态。它能够测得船舶作业过程中的横摇、纵摇、艏摇和垂荡,并且具有较高的精度。MRU 现已成功用于动力定位船舶,石油钻井平台,AUV 和 ROV,水声定位,船舶运动监测,海浪测量,高速船运动控制和阻尼系统,单/多波束运动补偿等领域。MRU 共有 6 种产品,即 MRUI～MRU6。

Kongsberg 公司研制出的 MRU 产品的历史可以追溯到 1992 年,目前已有 8 类产品。Kongsbergseatex

图 7 - 15　运动传感器

MRU 5(以下简称 MRU 5)是专门设计的高度精确的海上动态测量、高精度摇摆、颠簸和涌浪测量器。MRU 5 既适用于小型的水下运载器也可用于大型船舶的动态控制,输出高质量的动态数据。MRU 5 补偿器由于使用了固态传感器,没有活动部件,而且它的电子和机械结构良好,因此具有高度可靠性。

MRU 5 运动传感器是多波束测深仪、深水浅剖系列、ROV、直升机平台控制系统、高速船只制动系统和拖鱼系统理想的动态传感器。而且,它也是沿海石油平台和大型船只或者任何需要精密动态数据作为质量性能和安全为关键的结构监控的理想工具。MRU 5 会提供在 ±5° 范围内可以佐证的 0.02°RMS 摇摆和颠簸精度。无论是在任何船只上或者在水下运载器上,MRU 5 都能保持它的标称精度。

MRU 5 的技术特点:

- 在船只转弯和加速时,仍保持高精度的涌浪、摇摆和颠簸数据。
- 随每台 MRU 传感器供货时都有校检证书。
- 传感器的尺寸小,重量轻,耗电省。
- 高精确的动态涌浪、摇摆和颠簸数据。
- 船只转弯后水流的速度在涌浪中可以不计。
- 输出速度快(100 Hz)。
- 传感器的安装方向不受限制。
- 传感器在船舷外安装时,有安装臂补偿(重心)。
- MRC Windows 设置软件有各种可选的通信协议。
- 2 年质保期。

MRU 5 的技术参数：

(1) 方向输出数据。

- 角度方向范围：±180°

- 角速率范围：150°/s

- Roll，pitch 和 yaw 分辨率：0.001°

- Roll，pitch，yaw 角速率噪音：0.015°/s RMS

- Roll，pitch 精度（±5°振幅）：0.02° RMS

- 比例因素误差：0.15% RMS

(2) 加速度传感器。

- 加速度范围：±30 m/s²

- 加速度噪声：0.002 0 m/s² RMS

- 加速度精度：0.01 m/s² RMS

- 比例因素误差：0.020% RMS

(3) 涌浪动态输出。

- 输出范围：±50 m,可调

- 周期：0 至 25 s

- 动态精度：5 cm 或 5%

(4) 数据输出。

- 模拟通道：♯4,±10V,14 位分辨率

- 数据输出变数：♯16(max)，RS232 或 RS422

- 数据输出率：100 Hz(10 ms)

- 数据更新率：400 Hz(角)

(5) 电源。

- 电压：12～30 V DC,最大 8 W

(6) 应用环境。

- 温度：−5°至+55℃

- 湿度：全密封,没限制

- 最大震动(工作时)：0.5 m/s²(10−2 000 Hz 连续)

- 最大震动(非工作时)：20 m/s²(0−2 000 Hz 连续)

- 最大冲击(非工作时)：1 000 m/s²(最大 10 ms)

7.2.3 推进系统

推进器使得船舶具有了操作性。控制系统发出一系列的推力指令控制推进

器,形成一个时变的推力系统,以抵消外在的时变的环境载荷来完成动力定位。此推力系统包括一个特定方向的水平力和一个首摇弯矩。如果推进器能够产生任何方向的推力,那么仅通过两个推进器就能产生这个瞬时的推力系统。但由于单个推进器的推力容量有限,仅仅两个推进器无法满足推力容量的要求,同时推进器系统必须满足船舶的可操纵性和可靠性,因此推进器系统中推进器的数目一般多于 5 个。但不是越多越好,因为还要考虑到推进器与船体及推进器间的相互影响等因素。对于半潜式钻井平台,多数采用 8 个推进器。此时的推进器系统便成了一个冗余系统,存在多个不同的推力和方向的组合,均满足特定的水平力和首摇弯矩。问题是应该向推进器发出什么样推力和方向指令,在这些组合中哪个是最优的,这是推进器的推力分配问题。目前实际应用的推力分配方法有多种。在这些方法的基础上进一步考虑推进器方位角禁区的选择和处理,可以快捷的绕过禁区,只旋转一个相对较小的角度就可以产生要求的推力。

推进系统包括推进器和推进控制系统。

1. 推进器

推进器一般是用来提供动力,提高速度的。按照原理不同,有螺旋桨、喷水推进器、特种推进器。特种推进器又有许多种类,有变距螺旋桨、导管螺旋桨、直翼推进器、喷射推进器、磁流体推进器等。随着科学技术的发展,推进器在不断发展,会出现各种形式的新型推进器。应用到动力定位船上的推进器主要有三种：主推进器,管隧推进器和全回转推进器。

1) 主推进器

对于常规的船舶而言,单轴或双轴的主推进器基本相似。对于 DP 船舶,这样的主推进器构成了 DP 功能的一部分,推进器通常选用可变螺距类型,以恒转速运转,通过螺距的改变来控制推力,这将易于使用恒速转动轴传动装置。图 7-16 是一个可变螺距主推进器。

2) 全回转推进器

全回转推进器由一个安装在较短槽道内的可控螺距或固定螺距的推进器组成。该类型推进器凸出于船舶底部,可通过旋转提供任意方向的推力。全回转推进器利用锥齿轮由上部驱动。某些情况下,整个推进器可以收到船壳之内。全

图 7-16　主推进器

回转推进器的优点在于其可以提供任意方向的推力,其经常被用作主推进器。但是,其难以实现合适的安装,若安装在船舶底部将显著增大船舶的排水量。图 7-17 为典型的全回转推进器。

图 7-17　全回转推进器

图 7-18　管隧推进器

3) 管隧推进器

管隧推进器主要是沿船舶的横向贯穿安装于船壳上。其通过锥齿轮由上部电机或柴油机驱动,向左舷或右舷旋转叶片,或者调整转速和方向可以产生推力。通常可以在船舶或船艇安装 2 个或 3 个管隧推进器。图 7-18 为典型的管隧推进器。

图 7-19　吊舱推进器

4) 吊舱推进器

吊舱式电力推进器集推进和操舵装置于一体,极大地增加了船舶设计、建造和使用的灵活性。推进器主要由支架、吊舱和螺旋桨等部件构成(见图 7-19)。其中,吊舱通过支架悬挂在船体下面,舱体内置电机直接驱动舱体前端和(或)后端的螺旋桨。其设计思想的革命性在于,它将螺旋桨驱动电机置于一个能进行 360°回转的吊舱内,悬挂在船下,集推进装置和操舵装置于一体,省去了通常所使用的推进器轴系和舵。吊舱推进器将推进系统置于船外,可以节省船体内大量的空间。

2. 推进控制系统

推进控制系统包括控制板和控制箱,这是个手动控制系统,与动力定位控制系统有接口,接受操作指令和反馈相关信息。一般要求控制板布置在桥楼控制台,两翼控制台和机舱集控室。推进控制系统如图 7-20 所示。

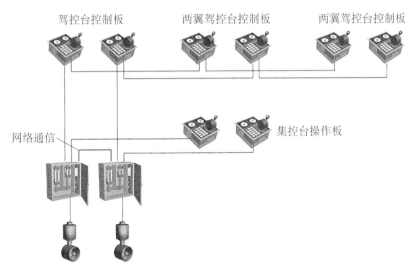

图 7 - 20　推进器控制系统

7.2.4　动力系统

最早期的船舶动力系统主要采用汽轮机或柴油机直接推进,直到 19 世纪末俄罗斯和德国率先进行电池驱动的电力推进实验后,第一代电力推进船才得以在 20 世纪初投入使用。第一代电力推进技术采用的是汽轮发电机的电力推进方式,随着 20 世纪中期高效、经济的柴油发电机技术的出现,以及大功率电机的调速控制技术趋于成熟,汽轮发电机的电力推进方式逐渐退出了商业领域,继而由柴油发电机来占领了这个市场。

任何拥有动力定位功能的船舶和海洋平台的动力系统都主要考虑其电力系统的安全性、可靠性、稳定性,以及电力系统的运行经济性。动力定位系统必须保证有可靠的动力供应。如果电力系统功率供应不足、电力供应中断或者局部推进器失效,可能使得动力定位系统失去定位能力,其至使电力系统进一步恶化造成全船停电故障,进而使得安全性和可靠性大大降低。此外,对于动力定位船舶而言,进行动力定位作业时,所有推进器几乎都以最大功率运转,此时消耗的功率很大;然而在动力定位船舶停泊或者在港时只需要对生活电力进行供应,此时消耗功率较少。这就要求动力定位船舶拥有自己的电力监控系统,并与船舶本身的电站管理系统协同工作,保证电站运行的经济性。

动力定位船舶动力系统的安全性、可靠性主要是通过在船舶动力系统设计时满足动力定位船舶的动力系统冗余度来保证的;而动力定位船舶的运行稳定性和经济性主要依靠船舶的电力系统保护措施和功率管理系统的监控管理功能保证的。

动力定位船舶和海洋平台上属于动力定位系统组成部分的动力系统主要是基于柴油发电机组构成的电力供配电网络，该电力系统主要有柴油发电机组，主配电板，推进变压器，推进器电机变频起动器，推进器电机和电站管理单元（PMS）组成，另外还包括各级分配电板，不间断电源和相关辅助附属设备。动力系统的主要结构如图 7-21 所示。

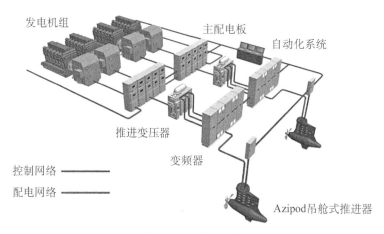

图 7-21　动力系统

发电系统一般为 6.6 kV 或者 11 kV 的中压系统，电站电压等级高，容量大。由于船级社有对单一故障下安全可靠性的要求，这包括了单个发电机配电室失火、进水、短路停电故障等情况，因此对柴油机和发电机的选择安装有特殊要求，以满足动力定位船舶要求的冗余度等级。一般多采用多配电室和多台柴油发电机组，不仅可以保证船舶供电的安全可靠性，而且可以根据负载的波动来调节，使得柴油发电机工作在较高效率的工况下，进而使得运行更加经济。

动力定位船舶供配电系统的设计依赖于冗余程度的要求，而且必须能够提供可靠的、安全的、必要的电路系统以及灵活的操作。设计时需要满足单个配电板发生故障时必须考虑配电板汇流排直接短路的情况，这就对配电母线的分段和供电方式提出了新的要求。

对于 DP3 入级要求的船舶和海洋平台在布置推进器和设计配电板时，要满足当一组推进器发生故障或者对应的配电板失电时，剩余的冗余推进器和配电板依然能够满足在规定的作业范围内自动保持船舶的位置和艏向。因此在船舶设计中,推进器的布置应该基本对称互补,主汇流排的设置也应该与之对应,互补的主汇流排应该分别布置在不同的舱室,舱室之间满足 A60 级别的防火隔离。

7.3　动力定位的分级和附加标志

由于海上作业船舶对可靠性的要求越来越高,因此 IMO(国际海事组织)和各国船级社都对动力定位系统提出了严格的要求,除在各种环境条件下都具有的手动控制和自动控制的基本要求外,还制订了三个等级标准,目的是对动力定位系统的设计标准、必须安装的设备、操作要求和试验程序及文档给出建议,以降低动力定位系统控制下的作业施工时,对人员、船舶、其他船舶和结构物、水下设备造成的损害以及由海洋环境变化造成的风险。

不同的动力定位附加标志,其要求的设备配置也不同,主要区别在设备配置的冗余度上。船级符号是船级社授予船舶的一个等级标志,是保险公司对船舶及货物、工程作业等进行保险的重要依据。对于动力定位系统而言,各船级社均根据动力定位、系统的功能及设备冗余度的情况授予不同的附加标志(见表7-1)。

表 7-1　各船级社授予动力定位附加标志及要求

船级社		附 加 标 志				
DNV	符号	DYNPOS T	DYNPOS AUTS	DYNPOS AUT	DYNPOS AUTR	DYNPOS AUTRO
	说明	设备无冗余,半自动保持船位	设备无冗余,自动保持船位	具有推力遥控备用和位置参考备用,自动保持船位	在技术设计中具有冗余度,自动保持船位	在技术设计和实际使用中具有冗余度,自动保持船位
LR	符号	—	DP(CM)	DP(AM)	DP(AA)	DP(AAA)
	说明	—	集中手控	自动控制和一套手动控制	动力系统的单个故障,不会导致失去船位	一舱失火或浸水时,能自动保持船位
BV	符号	—	SAM	AM/AT	AM/AT R	AM/AT RS
	说明	—	半自动模式	自动模式,自动跟踪,要求Ⅰ级设备	自动模式,自动跟踪,要求Ⅱ级设备	自动模式,自动跟踪,要求Ⅲ级设备

（续表）

船级社	附 加 标 志					
ABS	符号	—	DPS-0	DPS-1	DPS-2	DPS-3
	说明	—	集中手动控制船位，自动控制艏向	自动保持船位和艏向，还具有独立集中手控船位和自动艏向控制	单个故障（活动部件和系统）情况下，自动保持船位和艏向	一舱失火或浸水时，能自动保持船位和艏向
GL	符号	—	—	DP1	DP2	DP3
	说明	—	—	发生单个故障，会造成位置丢失	单个故障（活动部件和系统）情况下，不造成位置丢失	一舱失火或浸水时，不造成位置丢失
CCS	符号	—	—	DP-1	DP-2	DP-3
	说明	—	—	自动保持船位和艏向，还具有独立集中手控船位和自动艏向控制	单个故障（活动部件和系统）情况下，自动保持船位和艏向	一舱失火或浸水时，能自动保持船位和艏向
MO	符号	—	—	1级设备	2级设备	3级设备
	说明	—	—	发生单个故障，会造成设备丢失	单个故障（活动部件和系统）情况下，不造成位置丢失	一舱失火或浸水时，不造成位置丢失

　　由表7-1可知，自IMO给出动力定位船舶的定义后，各船级社的附加标志基本上与IMO的设备分级相等效。严格地讲，采用半自动或手动动力定位系统的船舶没有利用计算机对环境条件进行计算，都不能称为动力定位船舶。由于历史上（IMO指南颁布以前各大船级社已经授予了动力定位附加标志）和技术发展水平（受限于当时计算机的计算速度和控制能力）的原因，DNV（挪威船级社）、LR（英国船级社）、BV（法国船级社）、ABS（美国船级社）等船级社均保留了手动或半自动动力定位系统的附加标志。就目前动力定位技术发展水平而言，海上平台供应（支持、守护）船、电缆或管道铺设/检验船、科学考察船等，其动力定位系统一般采用2级设备（DP2），否则在项目竞标中将很难满足客户的要求。而对于海上钻井船舶而言，由于操作的安全性极其重要，因此其动力定位系统一

般采用3级设备(DP3)。例如,美国环球公司在英国的 Harland and Wolff Yard 建造的两艘 10 000 ft 深海钻井船、美国 Reading & Bates 钻井公司在韩国三星重工有限公司建造的一艘 10 000 ft 钻井船,均采用了 ABS 的 DPS - 3 附加标志。

CCS(中国船级社)在制订动力定位检验指南时,附加标志的分级也采用 IMO 的标准,而半自动或手动定位系统不授予附加标志。根据动力定位系统的不同冗余度,经船东申请,授予其下列附加标志。

1. 附加标志的定义

DP1:安装有动力定位系统的船舶,可在规定的环境条件下,自动保持船舶的位置和艏向,同时还应设有独立的联合操纵杆系统。

DP2:安装有动力定位系统的船舶,在出现单个故障(不包括一个舱室或几个舱室的损失)后,可在规定的环境条件下,在规定的作业范围内自动保持船舶的位置和艏向。

DP3:安装有动力定位系统的船舶,在出现单个故障(包括由于失火或进水造成一个舱室的完全损失)后,可在规定的环境条件下,在规定的作业范围内自动保持船舶的位置和艏向。

2. 动力定位系统的入级

包括:

● 动力系统;

● 推进系统;

● 测量系统;

● 动力定位控制系统;

● 独立的联合操纵杆系统。

对于 DP1/DP2/DP3 的入级附加标志的动力定位系统设备配置要求如表 7 - 2 所示。

表 7 - 2 入级附加标志对系统设备配置的要求

附加标志		DP - 1	DP - 2	DP - 3
动力系统	发电机和原动机	无冗余	有冗余	有冗余,舱室分开
	主配电板	1	1	2,舱室分开
	功率管理系统	无	有	有
推力器	推力器布置	无冗余	有冗余	有冗余,舱室分开

（续表）

附加标志		DP-1	DP-2	DP-3
控制	自动控制,计算机系统数量	1	2	3(其中之一在另一控制站)
	手动控制,带自动定向的人工操纵	有	有	有
	各推力器的单独手柄	有	有	有
传感器	位置参照系统	2	3	3(其中之一在另一控制站)
	垂直面参照系统	1	2	2
	陀螺罗经	1	2	3
	风速风向	1	2	3
UPS电源		1	1	2,舱室分开
备用控制站		没有	没有	有

图 7-22 为一套动力定位控制系统的 DP1 结构组成;图 7-23 为二套动力定位控制系统的 DP2 结构组成;图 7-24 为二套动力定位控制系统加一套备用动力定位控制系统(A60 等级防火分隔)的 DP3 结构组成。

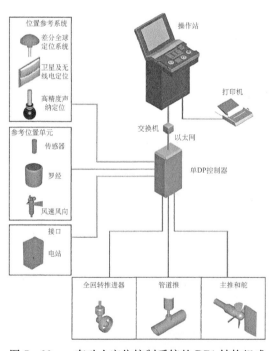

图 7-22　一套动力定位控制系统的 DP1 结构组成

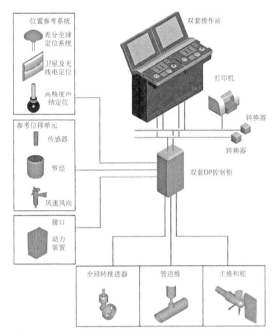

图 7-23 二套动力定位控制系统的 DP2 结构组成

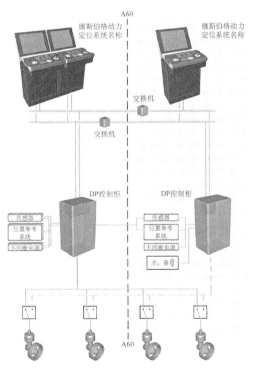

图 7-24 二套动力定位控制系统加一套备用动力定位控制系统

（A60 等级防火分隔）的 DP3 结构组成

7.4　动力定位系统的模式与功能

动力定位系统可以采用几种不同的模式对船舶进行控制。这些模式的不同点在于其位置和速度设定点的产生方式不同。

(1) 手动模式：允许操作员使用操纵杆手动控制船舶的位置和艏向。

(2) 自动定位模式：自动地保持要求的位置和艏向。

(3) 自动区域定位模式：在最小能耗条件下自动将船舶保持在允许区域内，并将艏向保持在允许的艏向范围内。

(4) 自动跟踪模式(低速和高速)：可以使船舶跟踪由一组航迹点描述的指定航迹。

(5) 自动舵模式：可以使船舶自动沿预设航向行驶。

(6) 目标跟踪模式：可以使船舶自动跟踪一个连续变化的位置设定点。

1. 手动模式

在手动模式中，操作员使用操纵杆控制船舶的位置(见图 7 - 25)。操纵杆指令可以使船舶沿纵向和横向运动(沿纵荡轴和横荡轴)，以及进行转艏运动(绕艏摇轴)。

在手动模式下，可以单独使用自动定位来控制纵荡轴方向或横荡轴方向的运动。这一特征通常与自动艏向控制相结合，这样操作员可以手动控制纵荡或横荡轴方向运动中的一个，同时系统可以稳定其他两个轴向的船舶运动。

图 7 - 25　手动模式

2. 自动定位模式

自动定位模式包括艏向控制和位置控制，如图 7 - 26 所示。

1) 艏向控制

系统将船舶的艏向精确控制在给定值。若操作员重新选择了一个艏向值，系统将自动改变船舶的当前艏向。

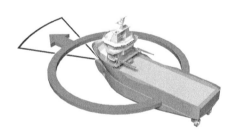

图 7 - 26　自动定位模式

2) 位置控制

系统将船舶准确地定位在指定位置。若操作员选定了另外一个定位位置(设定点)，系统将自动地改变船舶的位置。

3. 自动区域定位模式

在自动区域定位模式中，系统以最小能耗将船舶保持在一个允许的区域内。

这种模式针对待命操作,要求将船舶保持在一个特殊的地理区域内。动力定位系统允许船舶因环境力漂离区域中心和偏离最佳艏向。只有当船舶位置或艏向超出要求的操作界限后才启动主推进器和其他推进器。当超出界限时,主推进器和其他推进器产生的稳定偏置力将在最小功耗变化的情况下获得平稳的定位效果。图 7-27 为自动区域定位模式示意。

图 7-27　自动区域定位模式

4. 自动航迹模式

自动航迹模式使船舶能以较高精度跟踪由一系列航迹点描述的预设航迹运动。这类模式以不同的控制策略进行低速和高速操作,系统根据要求的速度自动在两种策略间切换。另外,操作员也可手动选择需要的控制策略。

在低速自动航迹模式下,利用全部三个轴向的位置和艏向控制来控制船舶的运动。这种策略具有很高的控制精度且允许自由选择船舶的艏向值。此时航速限定在 3 节左右。

在高速自动航迹模式下,通过保持预期速度(利用舵或推进器方向控制)来使得船舶的艏向交叉跟踪误差最小。这种策略适用于一般的巡航速度。

1)自动航迹模式—低速

如图 7-28 所示,在低速自动航迹模式下,船舶沿航迹的速度被精确控制,其可以以每秒几厘米的速度来保证跟踪精度。在每一个跟踪航迹段上的航迹点位置、船舶的艏向值和速度由操作员设定,并存储在航迹点表中。航迹点可以根据需要进行插入、修改和删除。船舶沿每个跟踪航迹段的速度可以通过航迹点表获得,或者由操作员通过速度设定功能在线设定。

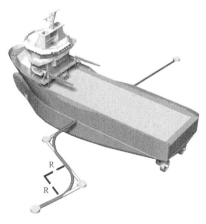

图 7-28　自动航迹模式—低速

根据船舶的设计和推进器的安装位置,并考虑高速情况下横向推进器会出现推力减额的情况,故要求低速自动航迹模式下的船舶最大速度应小于 3 节。

2)自动航迹模式—高速

每个航迹段上的船舶速度可用通过航迹点表获得,或者由操作员使用船速设定功能设定。此外,在任何时刻操作员都可去除对船舶前进速度的自动控制,而使用手动模式来控制船舶的速度。

高速自动航迹模式允许船舶以最大航速跟踪航迹。为了将船舶保持在预设航迹之上,系统根据船舶速度和方向以及环境力的大小连续计算期望艏向值(如图 7 - 29)。如果船舶将要漂离航迹系统,那么将连续对艏向加以控制,使得船舶回到航迹之上,操作员可以设定船舶艏向与航迹向之间的界限(漂角)。

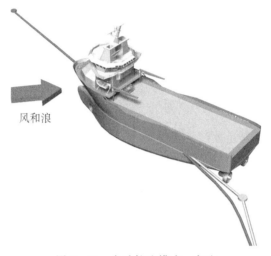

风和浪

图 7 - 29　自动航迹模式—高速

5. 自动驾驶仪模式

如图 7 - 30 所示,自动驾驶仪模式通过在预定航向上利用自动控制舵来精确地控制船舶的艏向。该模式使用船舶的主推进器、舵或全回转推进器,并且补偿风对船舶产生的力。

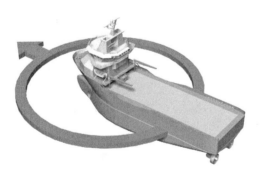

图 7 - 30　自动驾驶仪模式

6. 目标跟踪模式

目标跟踪模式可用于使船舶自动跟踪目标并与目标保持恒定的距离。移动目标需要安装有移动式应答器以便动力定位系统监视其位置。例如,若移动目标为一台遥控水下机器人(ROV),则此时船舶需要安装水声定位系统(HPR),以便动力定位系统监视 ROV 的位置。操作员可以定义目标运动但不引起船舶运动的作业圆。只有当目标超出作业圆时船舶才会运动。作业圆通过反应半径功能设定,如图 7 - 31 所示。

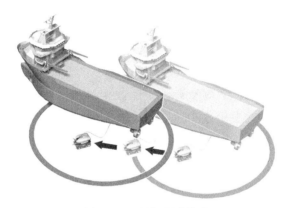

图 7 - 31　目标跟踪模式

第8章 水下油气生产系统

　　20世纪50年代,海洋石油勘探开发技术水平难以在较深的水域建造和安装普通平台并进行完井,从而就产生了在水下完井的技术理念,各国石油公司同时成功地实现了这一目标。从1961年第一座水下井口在美国应用以来,随着各种新技术的发展,水下生产系统应用水深越来越深。已投产的采油树最深达2 714 m(美国墨西哥湾 Independence Hub 凝析气田,2007年7月投产);回接距离最长的气田回接距离长达143 km(挪威北海 Snhvit 一期,水深250 m～345 m,2007年8月21日天然气上岸)。目前国外对于3 000 m水深以内的水下生产系统设计、建造、安装技术已较成熟,且已在西非、墨西哥湾、北海等海域经过了大量工程项目的实践检验。

　　至20世纪80年代初,水下完井已遍布世界各地。从水下生产系统发展的过程来看,它并不是独立于固定生产系统和浮式生产系统,而是为前两者服务的,但是却是独立的生产系统。水下生产系统包括油井、井口头、采油树、接入出油管系统和控制油井的操纵设备,它不像在水上的生产系统(如刚性平台)那样受到海面风浪流和水深的影响。但另一方面,水下生产系统不能直接进行操作(如钻井,必须通过移动的钻井单元进行),操控也必须通过脐带缆远程控制,持续地操作显然比平台式生产系统复杂得多。

　　海洋水下井口、采油装备仅是整个水下生产系统中的单元产品。1套水下生产系统可以包含多个水下井口、采油装备。1套水下井口和采油装备一般只对应1个海底油井。通常水下生产系统的工作流程为:安装在海床上的各个水下井口和水下采油树采出的井液通过水下管汇输送到水下管汇中心,水下管汇中心完成对各井井液的单井计量、汇集和增压,然后通过海底管线输送到浮式生产系统上进行处理和储运。水上控制系统通过水下管汇中心对水下井口进行控制、关断、注水、注气、注化学药剂以及维护作业。

　　而对于中心管汇＋卫星井式的 CLUSTER 布置方案是指多个卫星区块通过跨接管回接到一个海底中心管汇,中心管汇再通过一条或多条海底管道回接

到已有的基础设施。典型的管汇/卫星井的水下生产系统开发模式如图 8-1
所示。

图 8-1　典型管汇/卫星井开发模式

8.1　水下井口系统

8.1.1　水下井口装置

　　水下井口装置通常分为 2 大类：一是被安装于海底的湿式井口装置；二是被安装于生产平台上的干式井口装置。井口装置总是处在采油树之下，水下井口装置安装在海床上，而平台井口装置通常安装在低于平台甲板的位置（见图 8-2）。

　　水下井口装置主要有分散式和集中式 2 种形式。分散式水下井口装置一般适合于作业海域海流流向沿深度分布比较一致并相对稳定的工况，水下井口之间可以通过柔性管线相连或与总管汇相连，也可直接与油轮连接。其优点是对井口表层套管的定位精度要求低，其不足是水下井口之间的软

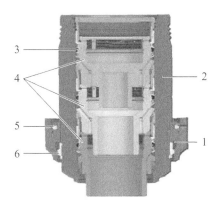

图 8-2　水下井口装置

1—低压井口；2—高压井口；3—密封总成；4—套管悬挂器；5—锁紧环；6—扶正圈

管和特种液压接头的成本及安装费用较高,海流方向不稳定时易使软管缠绕,造成软管和接头部位损坏。单井修井会影响其他井生产,施工安装时对海况要求高、时间长。集中式水下井口装置适用于各种海流条件,井口导向底座之间采用刚性跨接管相连成一个整体,对井口和表层套管定位精度要求高。其优点是:刚性跨接管接头成本远低于柔性软管和液压接头,单井修井作业不影响其他井正常生产,相对独立的软管可以单独安装和回收,且移动范围小,不会发生软管的摩擦和缠绕。刚性跨接管的测量、安装和回收作业可以与其他作业同时进行,且不需要动用其他船只,能在较恶劣的海况下正常作业。

水下井口装置主要包括套管、套管头、井口套、套管悬挂器和密封总成等。套管和套管头通过焊接或通过套管短节搭接。水下井口装置由多层套管按照一定的连接方式组成,最外层套管通常为直径 762 mm 的套管头,其主要功能是承受内层各套管的重力、防止反转(设计有各种槽口)、承受套管柱载荷(设计有台阶)以及密封口等。井口套为水下井口装置的主体,通常直径为 476 mm 的井口套作为水下井口套的标准尺寸,不仅能够用卡箍或圆形销与已有的井口连接器配合,而且其底部预留的对接焊口可与用户需要的加厚壁厚相匹配。另外,井口套中间部位设计有开口锁定环、防反转锁销和底部反馈环等,用于套管头的可靠锁定,防止井口套与直径为 762 mm 的套管头相对转动及钻井液返回等。套管悬挂器用于悬挂内层各套管,其尺寸比较多。其中直径 340 mm、244 mm 和 178 mm 的 3 种尺寸套管悬挂器使用最普遍。密封总成用于封闭套管与套管之间的环空,其结构有金属对金属密封及橡胶环形密封等多种形式。

以位于中国南海流花 4-1 油田为例(见图 8-3),它所处海域水深约 260~300 m,是一个待开发的边际油田。根据油藏和钻采要求,流花 4-1 油田一期拟新建 8 口生产井,同时为二期位于北侧的 4 口井预留接口,开发方式采用人工举

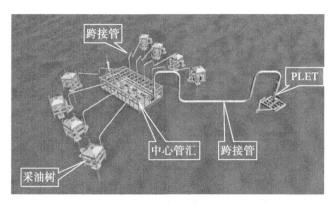

图 8-3　流花 4-1 油田水下生产系统井口和中心管汇三维布置

升式的衰竭开发,为了降低投资和提高经济效益,主要考虑依托流花 11－1 油田现有生产系统的开发模式(即:流花 4－1 油田的井流不经处理就直接输送到流花 11－1 油田进行处理)。

CLUSTER 布置方案最主要的特点就是井口集中布置,距离中心管汇的距离从几米到几十米不等,同时脐带缆和电缆等设施必须集中布置在井口和中心管汇周围,采油树、跨接管、中心管汇以及 SDU、SPDU(电缆分配器)、Flying Leads(脐带缆)等相对集中地布置在一起,这就导致该水下生产系统的总体布置相对比较复杂,相互之间可能会有一定的影响。由于流花 4－1 油田水下生产系统布置在接近 300 m 的水深处,因此水下生产系统的设备日常的操作和维护(包括:安装、调试等),都需要靠水下机械人 ROV 辅助完成;而 ROV 和采油树本身尺寸也较大,同时布置还要留出一定的操作空间供 ROV 作业,因此井口之间距离不能太小,经与相关厂家沟通,一般井口之间的距离最好在 8～10 m 以上,才能保证 ROV 的正常作业;同时,如果井口之间距离较近,也会对钻井船钻完井作业有一定的影响。同样,由于为了保证 ROV 对中心管汇的操作空间,特别是针对垂直跨接管连接采油树和中心管汇的情况,建议将中心管汇在满足设计要求的情况下做得稍大一些,这样对 ROV 是有利的。

水下井口系统的主要优点有:

(1) 可充分利用已钻探井和评价井采油,即使有些探边井打到油区之外,也可以用这些井来注水。

(2) 对于油层较浅的油田,在平台控制范围以外的地区,可以用水下采油树开采并回接到平台上。

(3) 和建造平台相比,水下井口系统花费较少,使得深水地区和储量较小的边际油田能得以开发。

(4) 有些水下采油系统可从海底采油和天然气而不需建采油平台。这种情况下不仅节约资金,对采油设施避免水面狂风恶浪和冰的影响也有一定意义。

(5) 油田开发后期,在平台井位已占满的情况下,为了提高采收率而补打的加密井,可用水下采油树开采,并回接到平台上。

(6) 开采结束后,水下装置可以轻易而经济地打捞上来,这样既节省了善后措施所需花费的大量资金,又使有些设备还可重复使用。

8.1.2　采油树

采油树是自喷井和机采井用来开采石油的井口装置。它是油气井最上部的控制和调节油气生产的主要设备,主要有套管头、油管头、采油(气)树本体三部分组成。

采油树最初被称为十字树、X型树或者圣诞树。它是位于通向油井顶端开口处的一个组件,它包括用来测量和维修的阀门、安全系统和一系列监视器械。它连接了来自井下的生产管道和出油管,同时作为油井顶端和外部环境隔绝开的重要屏障。采油树还包括许多可以用来调节或阻止所产原油蒸汽、天然气和液体从井内涌出的阀门。

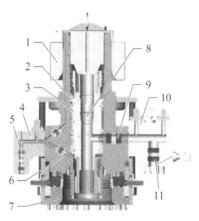

图 8-4 水下采油树

1—采油树帽;2—采油树本体;3—油管悬挂器;4—环空流道模块;5—环空翼阀;6—环空主阀;7—连接器;8—钢丝绳塞;9—生产主阀;10—生产流道模块;11—生产翼阀

采油树通过海底管道连接到生产管汇系统。从结构类型来分,水下采油树主要有卧式采油树和立式采油树2种。立式采油树的阀组通常垂直放置在油管悬挂器顶部,卧式采油树生产管线一般从油管悬挂器及采油树阀组合的一侧引出(见图8-4)。这两种类型的采油树都包括一个在钻井后能牢固地附着在油井顶端井口的构架中的卷线筒,以及由阀门组成的阀门组,阀门组主要用来在测试和闭井时调节出井油量。此外,油嘴对出井油量也可进行调节。卧式采油树从1992年以后开始普遍应用,其油管悬挂器是安装在采油树上而不是安装在井口头上。另外,由于卧式采油树的顶端设计使防喷器(BOP)可以直接安装在采油树上。

卧式采油树和立式采油树的主要区别在于:

(1)立式采油树的阀门垂直地放置在油管悬挂器的顶端,而卧式采油树的水平阀门是在出油管处。

(2)立式采油树向下钻孔是通过水压或者电压从采油树的底部到油管悬挂器的顶端。卧式采油树向下钻孔是通过油管悬挂器旁边的辐射状的灌入器。

(3)立式采油树的油管和油管悬挂器在采油树之前安装,而卧式采油树的油管和油管悬挂器则在采油树之后安装。

从其使用条件和不同要求上来说,水下采油树又可分为干式采油树、湿式采油树、干/湿式采油树和沉箱式采油树4种。

干式水下采油树就是把采油树置于一个封闭的常压、常温舱里,通常称之为水下井口舱。水下井口舱通过上部的法兰与运送人员和设备的服务舱连接,打开法兰下面起密封作用的舱孔,通过舱孔,操作人员和井口设备可以进入水下井口舱工作,水下井口舱能够容纳2~3人。干式采油树的最大优点是操作人员可以近距离观察并控制其采油作业,其不足是存在人身危险,且由于结构复杂、设备仪器繁多和成本高等原因目前已逐渐被其他形式所取代。

湿式水下采油树为当前最流行的一种采油方式。整套采油树完全放置于海水中,无须操作人员在水下工作,主要采用远程遥控等进行操作监控。所有湿式采油树的结构、基本部件及其功能都相同,主要包括有采油树体、采油树与海底管线连接器、采油树阀件、永久导向基础、采油树内外帽和控制系统等。

干/湿式水下采油的特点是可以干/湿转换,正常生产时,采油树呈湿式状态,进行维修时,由一个服务舱与水下采油树连接,排空海水,使其变成常温常压型的干式采油树。干/湿式采油树主要由低压外壳、水下生产设备、输油管连接器和干/湿式转换接头组成。

沉箱式采油树也称之插入式水下采油树,就是把整个采油树包括主阀、连接器和水下井口全部置于海床以下一定深度的导管内,这样采油树受外界冲击而造成损坏的机会大大减少。沉箱式水下采油树分为上、下 2 个部分。上部系统主要包括采油树下入系统、控制系统、永久导向基础、出油管线及阀门、采油树帽、输油管线连接器和采油树保护罩等。下部系统主要包括主阀、连接器和水下井口等。该采油树的最大缺点是价格高,比同规格湿式采油树价格高 40% 左右;另外,受适用范围等因素影响,使其应用受到一定程度的限制。

采油树有以下主要作用:①连接井下各层套管,密封各层套管环形空间,承挂套管部分重量。②悬挂油管及下井工具,承托井内全部油管柱的重量,密封油管、套管间的环形空间。③控制和调节油井的生产。④保证各项井下作业施工,便于压井作业、起下作业等措施施工和进行测压、清蜡等日常生产管理。⑤录取油压、套压资料。

国外水下采油树的主要供应商包括 FMC,Vtero Gray,Cameron,Kvarner,Argus,Kongsber 及 Aker 等,其中 FMC 为世界上最大的水下生产系统提供商。目前国内仅有的 3 个具有水下生产系统的油田有流花 11 - 1、惠州 26 - 1N & 32 - 5 及陆丰 22 - 1,均采用 FMC 的采油树进行生产。20 世纪 90 年代水下液压控制技术成熟应用之后,长距离的液压回接技术实现了水下的远程控制,水下生产系统才得以广泛应用。水下采油树控制由最初的直接液压控制发展到以电液混合控制为主。目前电液控制技术主要研究方向集中在提高反应时间和回接距离,但是由于电液混合控制对液体清洁度要求较高,在反应速度、敏感度以及回接距离等方面存在问题,且随着回接距离的增加液压控制的成本更高。为了解决上述问题,业界开发出了全电控水下采油树,全电控技术代表了水下采油树将来的发展方向,第一台全电控的水下采油树由 Cameron 生产,已在北海的 K5F 气田投入使用。研究表明,全电控的水下采油树与电液混合控制的水下采油树相比,按照 20 年的生产寿命计算,浅水单井平均每年可减少 31.8%的停产时间,采收率可增加 2%。

8.1.3　多井水下采油系统

单井水下采油树,可以直接接到浮式采油装备上进行生产。多井采油系统则是将数口这样的卫星井式采油树通过一个海底管汇中心,集中接到浮式采油平台上进行生产(见图 8-5)。有时通过水下底盘钻一组油井,然后回接到采油平台上进行生产,这也是一种多井采油系统。

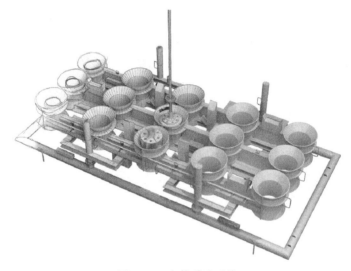

图 8-5　多井采油系统

多井水下采油系统的特点是:

(1) 允许早期采油,可尽快地得到石油和资金回收。

(2) 系统中每口井都可独立进行生产,不致影响其他井的生产状态。

(3) 可从地面对每口井单独进行监测和控制。

(4) 系统中所有密封件、阀和其他要求定期检查与维修的设备都可以替换。采油立管可快速拆除。

多井采油系统有几个关键部件如下:

(1) 底盘(template)。是一个安置在海底的构架,其作用是导引钻井设备并提供适当的井距,有利于在平台上完成丛式井钻井工作,钻完井后,底盘上可安装水下采油树进行采油,也可回接到平台,由平台上的采油树进行采油。

(2) 采油立管(riser)。可提供一个双路通道。从油井出来的原油和天然气通过立管送到上部平台进行分离、处理。处理后的原油经立管和输油管线输到油轮或其他储油设备上。立管系统包括一个中央芯管和在芯管周围的油井出油管线。

20 世纪 80 年代，多井水下采油系统发展到了在北海安装的水下管汇中心（underwater manifold），其功能已与一座固定平台相似，可在恶劣海况条件下进行油气田开发，它的基本功能为：

（1）通过底盘钻海底丛式井和连接卫星井。

（2）控制和汇集底盘与卫星井产出的流体，通过海底输油管线输往附近的平台进行油气处理。

（3）附近平台经过处理和加压的海水，通过底盘井口注入地层。

8.2　管汇系统

8.2.1　管汇系统组成

管汇和油井在结构上是完全独立的，油井和出油管道通过跨接管与管汇相连。管汇系统由管汇、管汇支撑结构和基础结构组成。管汇由管子、阀门、控制模块、流动仪表等组成。管汇支撑结构是管汇和基础结构之间的交界部分。管汇安装在海底井群之间，主要是把油或气集合起来输送到井口。管汇终端链接到一些大型的结构如水下加工系统都属于管汇。

水下管汇主要用来分配、控制管理石油和天然气的流动。水下管汇安装在海底井群之间，主要是将数口油井的油气集中起来，再通过一条输油管线混合油流，送到最近的采油平台或岸上基地做进一步处理，它可以减少海底管线的长度。图 8-6 为结构形式比较简单的水下管汇。

图 8-6　结构形式比较简单的水下管汇

图 8-7 为集输油气的水下管汇系统。其组成部件：

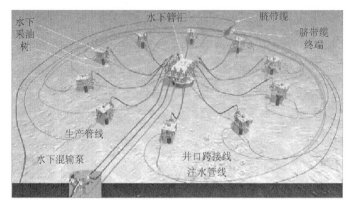

图 8-7　集输油气的水下管汇系统

（1）管汇由管线、阀门、控制模块、流动仪表等组成（见图 8-8）。管汇中心的管线布置在底盘上，从底盘井及卫星井产出的流体，由管汇聚集后用管道输至平台。来自平台的注入水经管汇分配至各个注水井。

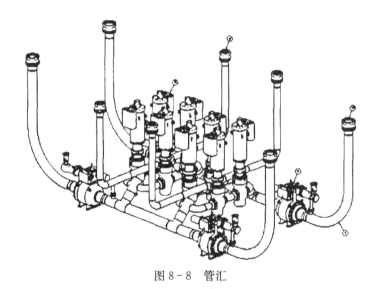

图 8-8　管汇

（2）管汇支撑结构由大管径和型钢制成的框架组成（见图 8-9），它的主要作用是：为钻井提供导向，为水下管汇安装的设备提供支撑基座，为水下管汇下入海底提供载体，提供一个隔离物以保护水下管汇部件不被撞坏。图 8-10 为出海安装的水下管汇总成。

图 8-9　管汇支撑结构

图 8-10　出海安装的水下管汇

（3）基础结构和保护盖。大部分水下管汇中心的基础结构都是吸力锚的结构形式,吸力锚主要由大管径钢结构组成(见图 8-11),对管汇系统主要起锚固作用;吸力锚所依靠的"吸力",仅仅是在沉锚施工过程中实现的,沉锚完成后,"吸力"即消失,此时的吸力锚实际上就如同一个常规的埋入短桩,依靠它周围土体的抗力提供锚固力。

图 8-11　吸力锚

8.2.2 管汇系统的功能

管汇系统的功能有：

(1) 为生产管道、海底管道和油井之间提供一个界面；

(2) 将油气集合起来输送出去；

(3) 分配电和水压系统；

(4) 支持翼型管汇枢纽、管道枢纽和脐带管枢纽；

(5) 支持和保护所有的管道和阀门系统；

(6) 在安装和恢复过程中为管汇模块提供一个支撑点；

(7) 在 ROV 操作过程中，给 ROV 提供一个支撑平台。

8.3 连接设备

8.3.1 跨接管及水下连接器

1. 跨接管

在水下油气生产系统中，跨接管是一个较短的管状连接元件，主要用来在采油树和管汇、管汇和管汇等之间输油。除输油外，跨接管也可用来向油井注入水和气。典型的跨接管在管子的两头分别有一个终端连接器。如果管子是刚性的，跨接管称为刚性跨接管，如果管子是柔性的称为柔性跨接管。刚性跨接管主要有"M"和"U"两种形式，如图 8 - 12 所示。

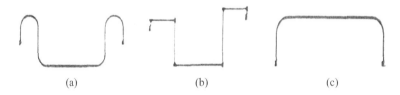

(a)   (b)   (c)

图 8 - 12　刚性跨接管的形式

(a) "M"型　(b) "M"型　(c) 倒"U"型

在海底采油树和管汇、管汇和管汇等之间的跨接管基本上是刚性管，它们通常水平地放置在海底。当水下的硬件设备都安装完毕，它们之间的距离就确定下来。这时就可以精确地制造跨接管。

柔性跨接管主要由两个终端接头以及接头之间的柔性管组成。柔性管主要用于输送油气外,也可用于分离船体的刚性隔离管和 FPSO 的隔离管。

2. 水下连接器

水下连接器应用范围比较广泛,不仅用于水下井口和水下采油树之间的定位和连接,而且也用于海洋隔水管与水下防喷器等设备之间的快速有效连接等。水下连接器目前有一体式和分体式 2 种大的结构形式,一体式是将连接器与采油树等设备设计为 1 个整体,不作为 1 个独立设备;而分体式则把连接器设计为一个相对独立的单元装备,专门用于水下装备之间的连接或脱开,具体结构如图 7 - 13 所示。

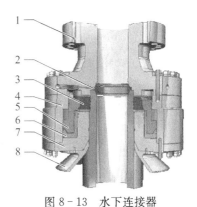

图 8 - 13 水下连接器

1—上法兰;2—密封垫环;3—锁块;4—主壳体;5—主活塞;6—辅助活塞;7—法兰;8—导向喇叭

一体化的水下连接器和 Tie-down 的垂直(立式)连接系统于 1997 年开始使用,首例用在爱尔兰的直径为 476 mm 的加载隔水管连接,之后被用在中国南海陆丰区域的直径为 203 mm 柔性油管线连接。分体式水下连接器应用比较灵活,不受连接设备结构的限制。当前,世界范围内分体式水下连接器的供应商主要集中在 GE - Vetco Gray, Cameron, Dril-Quip 等几家公司。GE - Vetco Gray 公司主要生产 H - 4 型系列的连接器,目前已有 300 个 H - 4 连接器在海上应用,且其以高的可靠性,优越的承载能力和长的使用寿命等优势一直占领着全球大部分的市场份额。其主要结构特点是采用多活塞式结构,有主活塞和辅助活塞,通过液压驱动,与井口或心轴通过齿槽方式啮合在一起,解锁时则通过锁紧块之间弹簧的回复力脱开。Cameron 公司主要生产套筒式的水下连接器,主要有 HC(Hydraulic Connector), DWHC(Deep Water Hydraulic Connector)等形式,通常应用在超深水环境中。其主要结构特点是活塞采用整体式结构,并通过液压驱动,采用锁块上不同几个斜面的挤压和脱开来实现与井口或心轴的连接或脱离。Dril - Quip 公司主要生产 DX 系列的水下连接器,有 DX - 15 和 DX - 10 两种规格,适应 105 MPa, 70 MPa 的水下工作环境。其主要结构特点是活塞采用环形整体式结构,另外在锁紧挡块和环形活塞之间设有一个专门的机械装置,当环形活塞向上运动时带动该装置向上运动,迫使锁紧挡块从井口的齿槽上脱离下来。

图 8-14　脐带缆构造

8.3.2　脐带缆及海底管道

1. 脐带缆

脐带缆是由一组电缆组成,通过上部设备连接水下设备(见图 8-14)。目前最深的脐带缆安装在壳牌公司 NaKika 项目中,使用水深达 2 316 m。还有一些脐带缆,如 Thunder Horse 的使用水深为 1 880 m,Atlantis 的使用水深为 2 134 m。

脐带缆是上部设施遥控水下生产系统的通道,其内部包括低压液压供应软管、高压液压供应软管、液压液返回软管、化学药剂注入软管及 400 V 电线。脐带缆的内部管线通常采用螺旋式的缠绕方式进行加工,外层为保护层同时也作为脐带缆的配重。脐带缆的可靠性要求非常高,产品必须经过破坏测试、屈曲测试、配件疲劳测试、全压试验、整体疲劳测试、配件应力计算及失效机理分析,所有的测试和试验按 API/ISO 13628-5 中不同的设计标准执行。

2. 复合管海底管道

复合管海底管道最早由 DUCO 公司提供,包括碳钢外管和不锈钢内衬,不锈钢内衬材料选用 316 L。钢管外防腐采用 3PP牺牲阳极联合保护,相对以前使用的碳钢海管或者全不锈钢海管,能够以较低的成本有效地控制海底管道的腐蚀问题,同时外层的碳钢管可以起到较好的保护作用。复合管截面如图 8-15 所示。

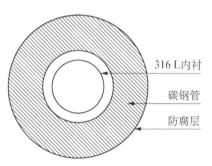

316 L 内衬
碳钢管
防腐层

图 8-15　复合管截面

8.4　水下控制系统

8.4.1　水下控制系统组成

水下生产控制系统主要用于对水下采油树、水下管汇等的远程控制,对井下压力、温度及水下设施运行状况的监测,以及根据生产工艺要求对所需化学药剂进行注入分配等。水下采油系统必须由该系统附近水面上的设施(如平台、油轮等)通过控制系统进行遥控操作。控制系统是水下采油系统的关键之一。

　　整个控制系统由位于依托设施的水面控制设备,水下控制设备和控制脐带缆等组成。水面控制设备主要包括液压动力单元(HPU)、供电单元(EPU)、主控站(MCS)及水面脐带缆终端总成(TUTA)等。水下控制设备主要包括水下脐带缆终端总成(SUTA)、水下分配单元(SDU)及水下控制模块(SCM)等。典型的水下复合电液控制系统基本组成如图 8-16 所示。电力、信号、液压液和化学药剂等由水面控制设备通过控制脐带缆传输到水下控制设备,从而实现对远距离水下生产设施的生产过程、维修作业的遥控。

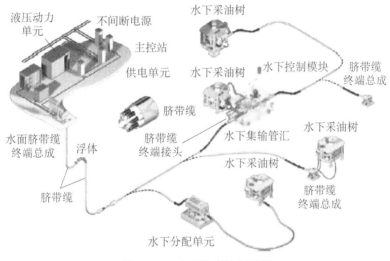

图 8-16　水下生产控制系统

　　以复合电液控制系统为例,电液混合控制的水下控制系统由水下控制单元(SCU)、供电单元(EPU)、液压动力单元(HPU)、脐带缆上部终端(TUTA)及水下控制模块(SCM)等构成。其中 SCU、HPU、TUTA 及 EPU 安装在水面设施上。SCU 通过水下脐带缆将控制和液压信号送至各水下控制模块(SCM),通过 SCM 操纵电磁导向阀及释放液压源等,对水下井口进行监视、控制及关断。HPU 为水下控制系统提供稳定而清洁的液压流体。液压流体通过脐带缆输送到水下液压分配单元和水下控制模块,操作水下阀门执行机构以实现水下遥控操作阀的开启和关闭。TUTA 是多根液压液输送管线、化学药剂注入管线、水下控制设备供电及通信电缆的汇入面板和脐带缆的输出端口。EPU 则为系统提供设备及仪表电源。SCM 安装在水下采油树上,可以独立更换。SCM 与SCU 进行通信,对水下井口进行监视、控制及关断,其中井口压力、温度及化学注入点等信号传输至 SCM,再通过水下脐带缆进行信号传递、监视和控制。

8.4.2 水下控制系统的类型及功能

1. 控制系统的功能

控制系统有两个主要功能,一是遥控操作水下采油树、管汇上的各种阀门;二是监测压力、温度和阀门开启位置。对一口井水下采油树,因其需要不同,需遥控的阀门在 6 到 12 个之间,加上一个典型的管汇需要 20 个或更多的阀门,因此一个典型的 12 口井的水下开发方案,也许需遥控 92 至 164 个阀门。

2. 控制系统类型

水下采油控制系统主要有 4 类,即直接液压控制系统(DH),导向液压控制系统(PH),程序液压控制系统(SH)和电动液压控制系统(EH)。选择控制系统要考虑的因素很多,如距离、水深、井数、控制功能等,但关键要简单、可靠、灵活、反应速度快、费用低。

如图 8-17 所示,传统水下控制系统有两个重要的节点:主控站(master control station,MCS)和水下控制模块(subsea control module,SCM)。MCS 为整个水下控制系统水上部分的核心,同时它又与上部生产控制系统相连接,作为水下控制系统与上部控制系统的接口,为上部控制系统提供必要的数据和信息。整个系统采用一种主从式结构,上部控制系统按照预先设定的功能对水下生产系统进行控制。所有的控制信号与数据的采集都需要经过 SCM。所有的水下仪表与传感器都要与 SCM 相连接。水下控制模块不仅要完成对水下生产过程的液压控制功能,同时还担任着水下所有传感器与仪表数据的收集、处理和传输功能。同样的上部 MCS 在负责控制逻辑的同时,还担负着水下监控数据的传递与中转任务。

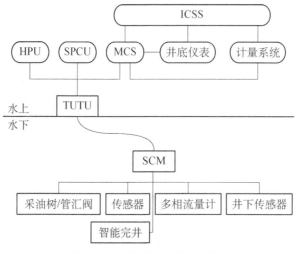

图 8-17 传统水下控制系统

　　开放式架构水下生产控制系统使用光纤作为通信介质,采用标准的通信协议和数据管理模型很好地解决了上述问题。由于采用了标准和透明的网络传输和控制协议,将 MCS 与 SCM 从繁重的数据传输和网络管理任务中解放出来,完全用于水下生产系统的控制,提高了整个控制系统性能。如图 8-18 所示,上部控制系统与水下 SCM 和水下仪表、传感器的通信通过一个水下路由模块(subsea router module,SRM)来实现。用于水下生产系统监控的传感器与仪表不直接连接到 SCM 上,而是可以根据需要直接与 SRM 相连接。

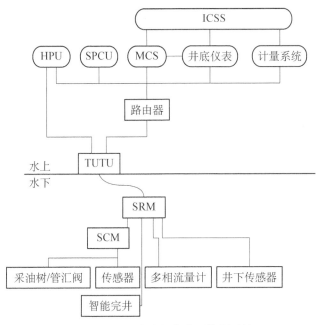

图 8-18　开放式架构水下控制系统

　　只有与水下液压/电气阀门相关的功能才与 SCM 相接。这就意味着,SCM 可以只用于阀门的控制,而不再负责水下监控数据的收集、整理和传输,这部分工作转由 SRM 处理,水下监控数据通过 SRM 可以直接传输到上部相对应的工作站,无须经过 SCM 和 MCS 的中转。

　　开放式架构的水下控制系统其实质是水下控制系统标准化的体现。它的应用加速了水下生产控制系统的发展。光纤的加入极大提升了水下开放式控制系统的传输速率。许多新型的水下仪表不再因为产生的数据量过大和要求高带宽而无法得到应用。水下生产系统的功能得到极大提升的同时,整个水下生产系统的功能性与可靠性也得到增强。基于光纤的开放式水下控制系统将在未来海洋深水水下生产系统中发挥越来越重要的作用。

参考文献

［1］姜萌. 近海工程结构物-导管架平台［M］.大连：大连理工大学出版社,2009.

［2］肖祖骐. 水下井口系统［J］.中国海上油气.1991,3(1)：1－8.

［3］王玮,孙丽萍,白勇. 水下油气生产系统［J］.中国海洋平台,2009,24(6)：41－45.

［4］金向东,林华春. 海上油气田水下生产系统的关键设备与技术［J］.油气田地面工程,2012,31(4)：55－56.

［5］王定亚,邓平,刘文霄.海洋水下井口和采油装备技术现状及发展方向［J］.石油机械,2011,39(1)：75－79.

［6］陈家庆. 海洋油气开发中的水下生产系统［J］.石油机械,2007,35(5)：54－58.

［7］刘太元,郭宏,闫嘉钰.基于光纤的开放式架构水下生产控制系统研究及应用［J］.化工自动化及仪表,2011,2：209－211.

［8］王建文,王春升,杨思明.流花4－1油田水下生产系统总体布置设计［J］.中国造船,2011,52(1)：172－177.

［9］郭宁,刘超,杨风艳,李挺.水下采油系统及其建造方案研究［J］.中国造船,2010,51(2)：192－201.

［10］范亚民.水下生产控制系统的发展［J］.石油机械,2012,40(7)：45－49.